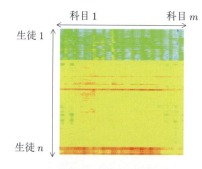

図 2.6 ヒートマップによる多次元データの可視化に関するイラスト（制作：井元麻衣子氏）

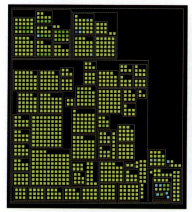
(a) 平面表示

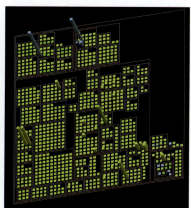
(b) 立体表示

図 2.10 多次元データ可視化手法「平安京ビュー」による可視化

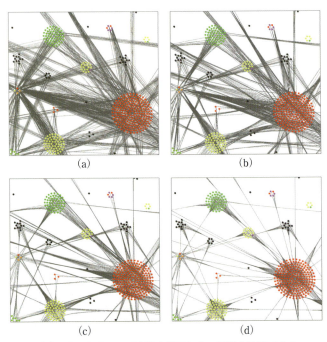

図(a)がまったくエッジ束化を適用しない可視化結果であり，図(b)～図(d)の順に束化が強く適用された可視化結果となる。

図 2.14 エッジ束化

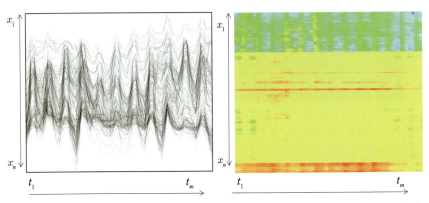

(a) 折れ線グラフによる時系列データ可視化
　　（制作：内田悠美子氏）

(b) ヒートマップによる時系列データ可視化
　　（制作：井元麻衣子氏）

図 2.15 折れ線グラフとヒートマップ

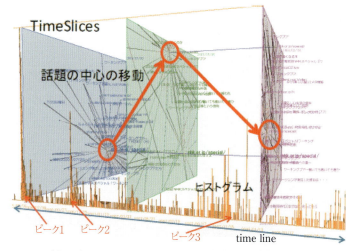

(a) 3次元以上の空間を適用する時系列データ可視化の例

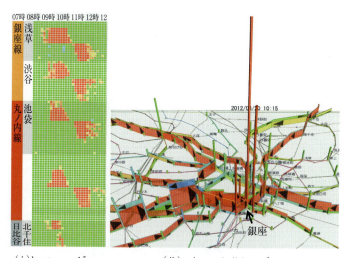

(ⅰ)heat map ビュー　　　（ⅱ)animated ribbon ビュー
(b) 2個以上の可視化空間を連携する時系列データ可視化の例

図 2.16 時系列データ可視化の例（提供：東京大学生産技術研究所　伊藤正彦氏）

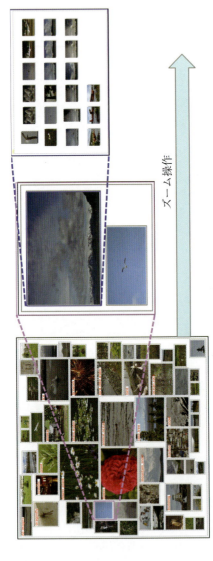

(a) 画像群の一覧表示のためのズーム操作(制作:五味 愛氏)

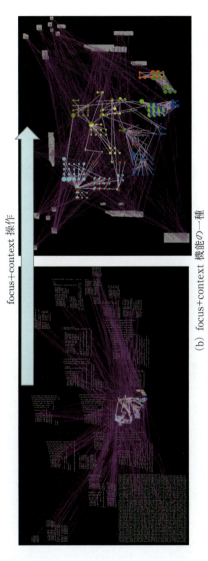

(b) focus+context 機能の一種

図 3.3 情報可視化におけるズーム操作の例

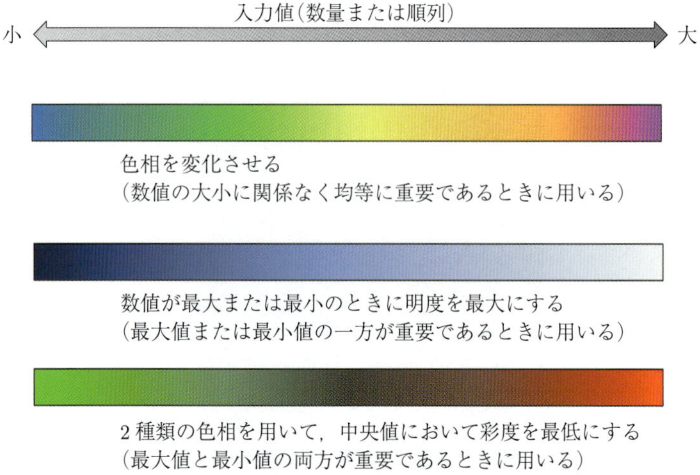

入力値(数量または順列)
小
大
色相を変化させる
(数値の大小に関係なく均等に重要であるときに用いる)
数値が最大または最小のときに明度を最大にする
(最大値または最小値の一方が重要であるときに用いる)
2 種類の色相を用いて，中央値において彩度を最低にする
(最大値と最小値の両方が重要であるときに用いる)

図 4.2　カラーマップの典型例

集中攻撃中の受信先
集中攻撃中の送信元
同一ドメイン内
に横断的に攻撃
される受信先

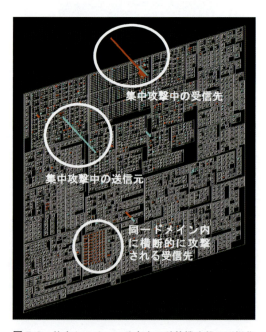

図 5.3　特定ドメインに分布する計算機攻撃の可視化

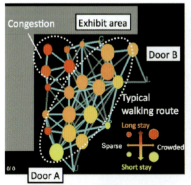 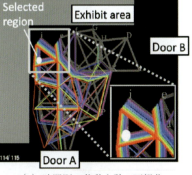

(a) 混雑度と滞在時間の可視化　　(b) 時間別の移動人数の可視化

図 5.5　歩行経路の集計結果の可視化の例
（制作：宮城優里氏）

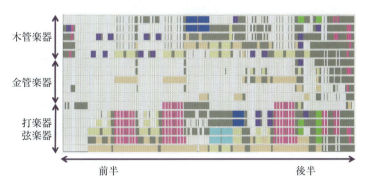

図 5.7　クラシック音楽のオーケストラの総譜（スコア）の情報を
概略的に表現する可視化手法（制作：林 亜紀氏）

(a) ウェブページを棒グラフで表示し，ウェブサイトのディレクトリ構造を長方形の枠で表示した例

(b) ウェブページを丸いアイコンで表し，アクセスパターンごとに固有の色を与えることで閲覧者のアクセスパターンを表示した例
（制作：川本真規子氏）

図 6.3　ウェブサイトのアクセス傾向を可視化した例

意思決定を助ける
情報可視化技術
― ビッグデータ・機械学習・VR/ARへの応用 ―

博士(工学) 伊藤 貴之 著

コロナ社

まえがき

「可視化」とは読んで字のごとく，現象や知識を目に見えるようにする技術の総称である．情報処理技術の発達，特にコンピュータグラフィックス（computer graphics, CG）とグラフィカルユーザインタフェース（graphical user interface, GUI）の発達により，コンピュータに蓄積される諸般の情報を親しみやすい形で図形描画し，ユーザ自身の対話操作により情報を取捨選択する技術が1990年頃から多数考案されるようになった．そして「情報可視化」という単語が学術的に用いられるようになり，その技術と課題が2000年頃までに体系化された．情報可視化のための基本的な視覚表現手法，モデルとなる対話操作手法などは，この体系化によっておおむね定着したといえる．

一般的なユーザが情報を親しみやすく理解し操作するツールとして期待された情報可視化は，2000年頃からその位置づけを大きく変える．2001年のアメリカ同時多発テロ事件，2003年のヒトゲノム計画完了などと時期を同じくして，社会性・緊急性の高い大規模情報に潜む重要な知見を探るための専門業務ツールとして情報可視化は再定義された．それと同時に欧米主要国では，科学技術や政治経済などの諸業務における意思決定や仮説検証のための重要なツールとして，情報可視化に大きく投資するようになった．

情報処理業界ではその後も，さまざまな技術的転換期を迎えている．ビッグデータ時代における新しいデータ解析手段の議論，あるいは第3次人工知能ブームやIoT（internet of things）による産業変革．情報可視化の最新の研究はこのような時流の中で情報技術業界への貢献を目指している．またVR（virtual reality）やAR（augmented reality）の普及による新たなユーザインタフェースと情報可視化との融合により，一般消費者層も含めた幅広いユーザ層に情報可視化を展開する可能性も期待される．

まえがき

　有名な視覚表現手法や対話操作手法の多くがすでに1990年代に発表されていることもあり，ともすれば情報可視化には研究課題が残っていないかのように解釈されやすい。しかし現実には，情報可視化の研究者は世界的には順調に増えており，国際会議の参加者数や国際学術雑誌の投稿数は2017年現在でも減少の兆しを見せたことがない。むしろ情報可視化は「学術コミュニティの国際的な拡大に対して日本人の研究開発者が不当に増えていない技術分野」といってもいいかもしれない。

　情報可視化が国際的な学術コミュニティを拡大し続ける根底には，意思決定や仮説検証を重視し，ユーザ自ら情報を探索し判断することでそれを達成しよう，という海外主要国の価値観に一因があると考えられる。それに沿って情報可視化の研究開発も，単に視覚表現や対話操作を追求するというよりは，それらを統合することによって現実問題に対してユーザ主体で解決する手段を構築する方向にシフトしている。このような状況において，意思決定や仮説検証といった主体性ある行動を重視する海外主要国の価値観には見習うべきものがあると考えられる。

　本書はそのような情報可視化の基本的な視覚表現技術や対話操作技術を学術研究の立場から紹介し，最近の発展と今後の展望について議論するものである。本書の前半（1〜5章）では，すでに確立されている情報可視化手法について紹介する。本書の後半（6〜9章）では，近年の情報処理技術を代表する各種技術分野（具体的にはビッグデータ・機械学習・VR/AR）に対する情報可視化のアプローチを紹介し，今後の展開を論じる。

　情報可視化を独立した学術分野として解説する書籍は海外には旧来から多数あった[1〜5]†が，日本語の書籍は少ない[6,7]。情報可視化に特化した日本語の書籍を執筆させて頂く貴重な機会を得たことに心から感謝するとともに，学術分野としての情報可視化を日本国内に広めるために微力ながらも貢献できればと願う次第である。

---

　† 肩付き数字は，巻末の文献番号を表す。

まえがき

　本書の執筆において多くの方に協力を頂いた。6章の内容についてコンスタンツ大学（ドイツ）Daniel Keim 氏から情報を提供して頂いた。7章の内容についてノートルダム大学（アメリカ）Chaoli Wang 氏から情報を提供して頂いた。8章の内容についてモナッシュ大学（オーストラリア）Kim Marriott 氏から情報を提供して頂いた。東北大学流体科学研究所からは多くの写真を提供して頂き，特に大林 茂氏には多くの協力を頂いた。東京大学生産技術研究所の伊藤正彦氏，産業技術総合研究所メディアインタラクション研究グループの濱崎雅弘氏からはソフトウェアキャプチャ画像の掲載許諾を頂いた。お茶の水女子大学伊藤研究室の内田悠美子氏，井元麻衣子氏，五味 愛氏，中澤里奈氏，宮城優里氏，魚田知美氏，林 亜紀氏，川本真規子氏，鈴木千絵氏，澤田頌子氏，堀辺宏美氏からは研究成果画像の掲載許諾を頂いた。また矢野緑里氏，宮城優里氏，十枝菜穂子氏，澤田頌子氏には本書の閲読をお願いした。出版にあたってはコロナ社に多くの助言を頂いた。また，出版企画時点には当該研究分野に従事する多くの専門家から貴重な助言を頂いた。本書の執筆および出版を支えてくださった以上の方々に心から感謝の意を表したい。

　最後に，筆者と情報可視化との出会いを与えて下さった日本アイ・ビー・エム株式会社東京基礎研究所の関係者各位，筆者が毎日快適に研究教育に専念できる環境を提供して下さっている国立大学法人お茶の水女子大学および理学部情報科学科の関係者各位，筆者に代わって幾多の研究成果をあげてくれているお茶の水女子大学理学部情報科学科伊藤研究室の関係者各位，そして筆者の日常生活を支える家族や友人に感謝の意を表したい。

2018年1月

伊藤貴之

目　　　次

1.　序論：情報可視化の定義・歴史・展開

1.1　可 視 化 の 定 義 ………………………………………………… *1*
1.2　情報可視化の用途 ………………………………………………… *5*
1.3　情報可視化の定義と歴史 ………………………………………… *6*
1.4　本 書 の 構 成 ………………………………………………… *10*

2.　データ構造と情報可視化手法

2.1　チャート：日常生活にみられる情報可視化 ……………………… *12*
2.2　1次元, 2次元, 3次元データ ……………………………………… *14*
2.3　多次元データ ……………………………………………………… *16*
　2.3.1　散　布　図 …………………………………………………… *17*
　2.3.2　平 行 座 標 法 …………………………………………………… *19*
　2.3.3　ヒートマップ ………………………………………………… *21*
　2.3.4　グ　リ　フ …………………………………………………… *22*
2.4　階層型データ ……………………………………………………… *23*
　2.4.1　ノード・リンク型手法 ……………………………………… *24*
　2.4.2　空間充填型手法 ……………………………………………… *25*
2.5　ネットワーク ……………………………………………………… *27*
　2.5.1　グラフ描画 …………………………………………………… *28*
　2.5.2　ノード配置問題 ……………………………………………… *28*
　2.5.3　ノードクラスタリング ……………………………………… *30*
　2.5.4　エッジ処理 …………………………………………………… *32*

- 2.6 時系列データ ………………………………………………… 33
  - 2.6.1 狭義の時系列データ：折れ線グラフ，ヒートマップによる可視化 …… 33
  - 2.6.2 広義の時系列データ：多次元，階層型，ネットワークデータとの融合 · 35
- 2.7 その他の情報可視化手法 ……………………………………… 37

3. 情報可視化の操作と評価

- 3.1 情報可視化とインタラクション ……………………………… 40
  - 3.1.1 情報可視化の操作方法ガイドライン ………………………… 41
  - 3.1.2 システム構築の観点からのインタラクション手法 …………… 45
- 3.2 情報可視化結果の評価 ………………………………………… 50
  - 3.2.1 評価手法の分類 …………………………………………… 51
  - 3.2.2 学術研究としての評価手法分析 …………………………… 55
  - 3.2.3 一般的な実験的評価指標との照合 ………………………… 57

4. 視覚特性から考える情報可視化デザイン

- 4.1 視覚要素への変換 ……………………………………………… 59
- 4.2 視覚要素を構成する三つの定義 ……………………………… 60
- 4.3 色を用いた変数表現 …………………………………………… 61
- 4.4 メンタルマップ ………………………………………………… 63
- 4.5 推奨されない視覚表現 ………………………………………… 66
- 4.6 2次元可視化と3次元可視化 ………………………………… 69

5. 情報可視化の適用事例

- 5.1 ウェブ・ソーシャルメディア ………………………………… 74
- 5.2 自然言語処理技術との連携 …………………………………… 75
- 5.3 計算機リソース管理 …………………………………………… 77

5.4	セキュリティ	78
5.5	生命情報	80
5.6	地理情報・センシング情報との連携	82
5.7	マルチメディア	83
5.8	まとめ：可視化する意義があるアプリケーション分野とは	85

6. ビッグデータと情報可視化： 人間主体型のデータ分析手法の確立に向けて

6.1	ビッグデータの課題と可視化技術	88
6.1.1	膨大・高速なデータの可視化	90
6.1.2	複合的なデータの可視化	91
6.1.3	不確実なデータの可視化	92
6.1.4	ここまでのまとめ	93
6.2	Visual analytics	93
6.2.1	分析と可視化の反復によるタスク	94
6.2.2	分析と可視化の融合による効果	95
6.2.3	Visual analytics に用いられる分析手法の例	98
6.2.4	Visual analytics と適用分野	100
6.2.5	Visual analytics の課題	102
6.3	ビッグデータからの意思決定・仮説検証	104

7. 機械学習と情報可視化： 人間と機械の関係を最適化するために

7.1	機械学習のための可視化	107
7.1.1	機械学習結果の可視化	108
7.1.2	機械学習過程の可視化	111
7.1.3	機械学習のための可視化に関する展望	113
7.2	可視化のための機械学習	115
7.2.1	可視化結果生成を支援する機械学習	115
7.2.2	可視化結果選択を支援する機械学習	117
7.2.3	可視化のための機械学習に関する展望	120

8. VR/AR と情報可視化：データ分析を現実世界に還元する

8.1 可視化のための VR/AR 環境 ·· *123*
8.2 Immersive visualization: VR/AR 技術と可視化の融合 ············ *126*
　8.2.1 科学系可視化と AR ··· *127*
　8.2.2 情報可視化と VR ··· *128*
　8.2.3 情報可視化と AR ··· *130*
　8.2.4 ここまでのまとめ ··· *132*
8.3 Immersive analytics: 没入的なデータ分析環境の完成形へ ·········· *132*

9. 情報可視化の研究開発の展望：「可視化」に続くものはなにか

9.1 「可視化」という学術分野名をリニューアルするとき ················ *136*
9.2 「フレームワーク研究」，「組合せ研究」を重視する ·················· *137*
9.3 手段と目的を繰り返し反転させる ···································· *138*
9.4 可読化は可視化ではない ·· *139*
9.5 情報可視化の実用事例が可視化されなかった状況を打開する ········ *140*
9.6 人間がデータ理解を先導するために ·································· *142*

引用・参考文献 ·· *143*
索　　引 ·· *151*

序論：情報可視化の定義・歴史・展開

　「情報可視化」とは文字どおり，おもにコンピュータで扱われるディジタル情報を目に見える形で提示する技術の総称である。一方で「可視化」という単語はディジタル情報を扱う学術分野や産業分野だけで用いられている単語ではない。特に近年では産業界でも「可視化」という単語が多用され，その定義は非常に広くなっている。

　本章ではまず 1.1 節にて，「可視化」という単語が現在までにどのように使われてきたかを紹介し，本書における「可視化」の定義を述べる。

　続いて 1.2 節では，本書が想定する可視化技術の利用目的を論じる。具体的には，概要 (overview)，解明 (clarification)，操作 (handling)，報告 (announcement) の四つの単語で可視化技術の利用目的を分類する。

　さらに 1.3 節では，本書における「情報可視化」という単語の定義と範囲を示し，その歴史を振り返る。1.4 節では本書の構成について述べる。

1.1　可視化の定義

　可視化 (visualization)† という単語はコンピュータ技術が発展する前から用いられてきた。例えば，気体や液体の現象を分析する「流体力学」という分野では，実空間における無色透明な空気の流れに物理的な色や明暗をつけて，視認観察できるようにしてきた。このような現実空間での流体の可視化は，コンピュータ技術が発展する前から広く用いられてきた。図 1.1 にその端的な例を示す。

---

† 日本語では「視覚化」という単語を同じ意味で用いることもあるが，本書では「可視化」に統一する。

1. 序論：情報可視化の定義・歴史・展開

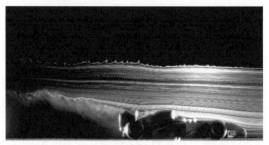

(a) フォーミュラカー(スモークワイヤーでの可視化(流速 5 m/s), 提供：東北大学流体科学研究所, 重慶理工大学車両工程学院)

(b) カルマン渦(NACA0018 翼型, $C = 13.3$ mm, 迎え角 0 度, 流速 10 m/s における後流をスモークワイヤーで可視化, 提供：東北大学流体科学研究所, 首都大学東京航空宇宙システム工学域)

図 1.1 コンピュータ可視化以前の時代から進められてきた流れの可視化

情報技術の学術業界において可視化という単語が多用されるようになったのは，コンピュータグラフィックス技術が発展した 1980 年代のことである．当時はコンピュータグラフィックスを駆使した可視化技術をコンピュータ可視化（computer visualization）と呼び，旧来の実空間での可視化と区別していた．

この時期の可視化技術としては，流体力学に基づく測定結果や計算結果からコンピュータの画面上で気体や液体の流れを表示する技術，分子動力学シミュレーション結果が表現する立体構造の変化を表示する技術，あるいは複数の医

療画像から人体内部の3次元構造を復元表示する手法が，学術的に多数発表された。このようにして，特に流体力学・分子動力学・医療撮影などの科学技術分野を主たる対象とした**科学系可視化（scientific visualization, SciVis）**[†]の研究開発が発展した。

その一方で学術業界では 1990 年代に，グラフィカルユーザインタフェース技術を駆使して対話操作によってユーザが欲する情報を画面提示する技術が流行した。この技術は物理空間に限定せず広く一般的な情報が可視化の対象となった。例えば，テキスト情報としての新聞記事，スプレッドシートに埋められた数値群としての株価の動向，気象庁が発表する各地の気温・湿度・降水量といった計測値。こういった幅広い情報を汎用的に扱う可視化技術は**情報可視化（information visualization, InfoVis）**と呼ばれるようになった。

以上の経緯により，図 1.2 に示す2種類の可視化技術が，しばらくの間ほぼ独立に研究開発されるようになった。いずれの技術も共通点は，コンピュータの描画技術によって複雑な情報の理解を支援するという点にある。本書では後者の「情報可視化」について論じる。

科学系可視化（図 (a)）の特徴は物理空間を前提としたデータを対象としている点にある。例えば，流体力学は（多くの場合において無色透明な）気体・液体を対象としており，その気温・圧力・流速といった物理量それ自体は目に見えるわけではない。そこでその視認性をあげるために，3 次元 CG 技術を駆使した科学系可視化がよく用いられている。また医療撮影においてはおのおのの撮影結果は 2 次元の画像であり，その集合から 3 次元形状を復元するために3 次元 CG 技術を駆使している。

情報可視化（図 (b)）の特徴は入力データが必ずしも物理空間を前提としていない点にある。そのためデータを表示するには，位置・形状・色といった視

[†] information visualization の和訳語としての「情報可視化」という単語は一般的に用いられているのに対して，scientific visualization の和訳語として普及している単語は特になく，大半の専門家は日本語でもこれを「サイエンティフィック・ビジュアリゼーション」とカタカナ表記している。本書では「科学系可視化」という単語を用いるが，これは筆者特有の造語である点に注意されたい。

4　　1. 序論：情報可視化の定義・歴史・展開

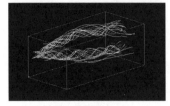

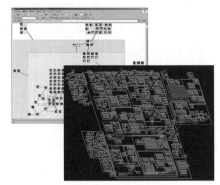

・おもに科学技術系データ　　　　　・科学に限らず一般的なデータ
　（物理計算，医療画像，分子……）　　（金融，流行分析，セキュリティ……）
・おもに物理空間　　　　　　　　　・おもに論理空間
　　　(a) 科学系可視化　　　　　　　　　(b) 情報可視化

図 **1.2**　科学系可視化（scientific visualization）と
　　　　　情報可視化（information visualization）

覚要素を一定のルールに基づいて与える必要がある．そしてこれらの視覚要素を配置する空間は必ずしも 3 次元である必要はない．また物理空間を再現する科学系可視化と違って，3 次元 CG 技術が求める精密な形状表現・光反射表現は必要ない．このことから，情報可視化に求められる技術要件は科学系可視化の技術要件とは大きく異なるものであることがわかる．

　ところで，日本の産業界や報道機関では 2000 年代に，これらの技術とは異なる文脈で「可視化」という単語が多用されるようになり，さらにそこから派生して「見える化」という造語も生まれた．この文脈における「可視化」，「見える化」とは，筆者の解釈ではおもに，諸般の業務現場において情報を記録して提示することで，その現場に関する状況や知識を共有する，という意味で使われている．例えば，製造業において開発進捗工程を記録して提示する，オフィスの電力消費量を記録して提示する，警察による捜査過程を記録して提示する，といった行為があげられる．一方で，これらの文脈で使われる可視化の中には，極論すればコンピュータで画面表示しなくても，音声で読み上げればユーザに伝達できるような情報を扱っている場合も多い．いい換えればここでの「可視

化」とは,「可『読』化」と呼んでもかまわない技術である場合が多い。

あくまでも本書では,コンピュータの『描画技術』によって複雑な情報の理解を支援する技術のみを「可視化」と称する。本書における「可視化」とは,いい換えれば「可『描』化」と呼べるような技術のみを対象とする。「可読化」と呼べるような技術は本書では対象としない。

1.2 情報可視化の用途

前節では本書での可視化の定義を「ディジタル化された情報をコンピュータで描画する技術や行動」であるとした。コンピュータを用いた可視化技術は,ときとして「解明された知見を他者に報告するため」という後処理的な道具であると決めつけられやすい。確かに解析結果のプレゼンテーションとしての可視化の役割は大きく,多くのユーザがそのような結果報告の目的で可視化技術を用いているであろう点は否定しない。

一方で,可視化技術の研究開発は,これから知見を探ろうとする新しい情報に対して,前処理的に人間が理解するための技術としても開拓されてきた。3章でも後述するように,情報可視化を代表する研究者の一人である Ben Shneiderman 氏(アメリカ)は,可視化のための代表的なインタラクション手順を

> **Overview(概観表示)first, zoom(ズーム)and filter(フィルタ), then details on demand(詳細表示).**

と記述している[8]。このような手順はまさに,これから知見を探ろうとする新しい情報に対して,「データの概要を眺めて,必要とする部分に着目し,まだ表示されていない詳細情報を要求することで,未知の知見を能動的に解明する」ための最適な手段であるといえよう。

さらに,情報可視化技術の別の用途として,入力情報を加工する,という意味での操作も考えられる。例えば,シミュレーション結果や分析結果を可視化結果という形で観察し,その結果から可視化結果の画面上で入力情報の一部を

修正して，もう一度シミュレーションや分析を実行してみる，という試行錯誤の道具として可視化技術を用いることも考えられる。

以上をまとめた結果として，本書では図 **1.3** に示すように，情報可視化の用途を

- **overview**（概観）
- **clarification**（解明）
- **handling**（操作）
- **announcement**（報告）

の四つの単語で表現するものとする。

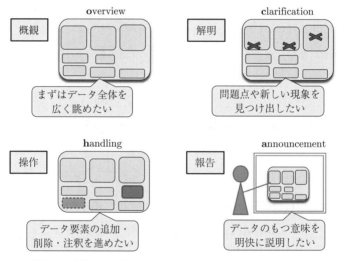

図 **1.3** 本書では可視化の利用工程を概観・解明・操作・報告の四つの単語で表現する

1.3 情報可視化の定義と歴史

情報可視化の特徴は，入力データが対象とする空間を物理空間に限定せず，論理空間・多次元空間・時空間などをも対象とした点にある。この特徴によって

情報可視化は，自然科学系に限らず，人文科学・社会科学・芸術などをも対象とする，より包括的な可視化技術として研究開発が進められた。

情報可視化が学術分野として独立した時期は，国際会議 Information Visualization が創立した 1995 年頃と考えられる。当時の情報可視化の代表的な研究者である Stuart Card 氏（アメリカ）は，黎明期であった情報可視化を

> 『動的な 3 次元 CG 技術を利用して，科学技術分野に限定されず，（多くの場合）空間的構造を持たない大量データ（文書やビジネス系 DB）に潜む有用な情報を，より迅速にかつ容易に理解するための方法論。』

と定義している。3 次元 CG を多用した科学系可視化技術との差異を強く意識した定義とも考えられる。

情報可視化の黎明期にはおもに，汎用的な可視化技術の研究開発，対話操作技術の開拓のための試行錯誤が進められ，おもにエンドユーザにとってフレンドリーな情報提示技術の確立が目標とされてきた。その結果として，2 章で後述するように，データ構造に基づいて情報可視化の基本的な手法が分類された。また 3 章で後述するように，操作手順や評価手法に関するガイドラインも続々と発表された。

ところが，2000 年頃から一転して，情報可視化の研究開発はエンドユーザ支援よりも主として高度な専門業務支援に向けられるようになった。ゲノム解読の研究が進むとともに生命情報系データの可視化が急増し，2001 年のアメリカ同時多発テロを境に情報セキュリティに関連した可視化が急増した。これらの研究は多くの国家において戦略的なものであり，特に欧米主要国や中国では情報可視化に大きく投資するようになった。アメリカでは国立可視化分析センター (National Visualization and Analytics Center, NVAC) が設立され，欧州連合 (EU) では VisMasters という可視化の大型プロジェクトに投資された。結果として情報可視化の研究開発は，新しい視覚表現を開拓するというよりは，大規模かつ複雑な情報を探索するための複合的な技術の開拓に主眼が置かれるようになった。それと同時に，5 章で後述するようにさまざまな学術分野・産業分

野における適用事例が発表されるようになった．さらに，これらの専門業務のための情報可視化を実現するパッケージソフトウェアとして，Tableau, Spotfire といった多くの製品が発表された．

このような投資に伴って情報可視化の研究者は世界的に増加し続け，学術論文は単調増加に近い状態が続いている．情報可視化は日本国内で実感する以上に主要各国では学術分野や業務技術として順調に発展しているといってもいい．

そして，2005年以降には visual analytics というフレームワークが提唱され，欧米や中国では各種業務に投入されるようになった．visual analytics とは統計処理・機械学習・パターン認識などの各種技術と可視化による対話操作を複合的に組み合わせるフレームワークで，現実社会の複雑な問題を人間主導で分析し解決しようという目的で開発されている．このような技術が普及する背景として，意思決定や仮説検証を重視し，ユーザ自ら情報を探索し判断することで，ユーザ主導型のプロセスによってデータを理解し問題を解決しよう，という海外主要国の価値観に一因があると考えられる．これからのデータ分析の方向性の一つとして，このような価値観には見習うべき点があると考えられる．

皮肉なことに，以上の歴史的経緯による情報可視化の発展は，その技術自体を一般社会から見えにくいものにしてしまった面がある．ただでさえ情報可視化の用途は高度な専門知識を有する業務分野が主体となったため，専門業務に関わる人だけが使うツールとなりがちである．加えて，その対象となるデータは機密性の高いものや社会的緊急性の高いものが多く，必ずしも一般社会に広く公開できるものであるとは限らない．ましてや情報可視化という技術には「データ中に見られる現象や背景を細部まで見せてしまう」という性質があるため，その細部まで広く一般社会に公開できるとは限らない場合が多い．このようにして現在，情報可視化の実用現場は可視化されにくいという一面ができあがっている．自然科学系のオープンなデータを対象とすることが多い科学系可視化とは対照的な事情ともいえる．

以上のような流れとはまったく別に，ウェブなどを通して一般社会に広く情報を発信するという手段でも情報可視化の技術は開発されてきた．IBM 社によ

る Many Eyes や，Google 社による Visualization API など，ウェブ上で稼働する可視化ツールがいくつか発表されている．また，JavaScript 言語環境におけるD3.jsに代表されるように，可視化のためのプログラミング環境も充実しつつある．

　また，2015 年頃には，仮想現実（virtual reality, VR）や拡張現実（augmented reality, AR）の諸技術が創り出す空間の中でデータ分析を進める immersive analytics というフレームワークが提唱された．このフレームワークは情報可視化を現実世界に融合する効果が見込まれ，ひいてはデータ分析結果を現実世界に還元する効果が見込まれる．

　以上のように情報可視化の研究はすでに「見えないものを見えるようにする」という本来の定義や目標を超えて，<u>ユーザ主導型のデータ分析，現実世界でのデータ分析</u>，といった大きな技術目標のコアツールになろうとしている．見方を変えれば，情報可視化の最近の研究開発の進化に比べて「可視化」という単語自体がもう古いものになっている，といってもいいかもしれない．

　ところで近年では，科学系可視化と情報可視化とは一部融合する方向[†]に向かっている．例えば，流体力学や分子動力学の測定結果や計算結果においても，近年では単純に物理空間での現象を再現するだけでなく，測定結果や計算結果の多次元性や時系列性にも注目されることが多い．そのような多次元データ・時系列データの可視化においては，科学技術系データであっても情報可視化の適用が有効であると考えられる．一方で，地理情報処理やセンサ技術の発達により，従来なら情報可視化が適用されてきた産業分野にも物理空間での可視化が必要になり，科学系可視化のために開発されてきた技術が適用されている事例が増えている．このため，近年では「情報可視化」という用語が示す範囲も，1995 年の Card 氏の定義からやや広くなり，特に周辺学術分野との境界領域が拡大する傾向にある．

[†] 学術業界においても，世界最大の可視化の国際会議である IEEE Vis は 2006 年から科学系可視化と情報可視化を統合した単一の国際会議として開催されており，可視化の研究コミュニティが一枚岩になろうとしていることがわかる．

1.4 本書の構成

本書は，基本的には学術研究の立場から情報可視化の諸技術を紹介するものである．それと同時に，情報可視化が現実社会でどのように実用化される可能性があるかについても論じる．前節までに述べたように，情報可視化は機密性の高いデータから詳細な知見をもたらす目的で利用されることが多い．結果として，情報可視化を実用していること自体が機密情報となって非公開になっている現場もあり，どのように実用化されているのかがわかりにくい状況にある．このような背景を鑑みながら，情報可視化の実用の可能性について論じる．また，情報技術の重要なトレンド（具体的にはビッグデータ・機械学習・VR/AR）との接点を論じることで，単に情報可視化技術を学ぶだけでなく，そこからわれわれは情報社会に対してどんな姿勢を学ぶべきかといった点も議論する．

本書は大きく前半と後半に分かれる．前半（2〜5章）ではすでに確立された情報可視化手法について紹介する．まず，2章では情報可視化の主たる手法を，入力情報のデータ構造に基づいて分類して紹介する．3章では情報可視化とユーザとの関係，特に操作手法（インタラクション）と評価手法について紹介する．4章では情報可視化手法と視覚の関係について論じ，視認性や可読性の高い情報可視化デザインについて考察する．5章では情報可視化が適用されてきたアプリケーション分野の代表例を紹介する．

後半（6〜9章）では情報処理技術における近年のトレンドに対して情報可視化の研究開発者がどのようなアプローチをとっているかを紹介し，情報可視化の今後の展開を論じる．6章ではビッグデータの課題と情報可視化の課題を照合し，その解決手段としても期待される visual analytics という近年のフレームワークを紹介する．7章では情報可視化で機械学習を支援するアプローチ，また情報可視化を改善するための機械学習の利用の可能性について紹介する．8章では VR/AR を駆使した immersive visualization，およびその拡張型としての immersive analytics というフレームワークを紹介する．9章では本書全体

の内容を総括し,情報可視化の研究開発に関する今後の展望や提言を述べる。

なお,筆者は情報可視化という学術分野の体系や歴史的背景を解説することに主眼を置いて本書を執筆しており,理論的な詳細は説明していない。本書で紹介する各手法の数理的定義やアルゴリズムなどの詳細については原著(巻末の引用・参考文献など)を検索して読んでいただきたい。

データ構造と情報可視化手法

1章でも論じたとおり,情報可視化手法は1990年頃から多くの手法が学術的に発表されてきた。その黎明期は多種多様な新しい手法が独自に発表されるような状況であったが,のちに1996年にBen Shneiderman氏が,主要な情報可視化手法を体系化するための提唱を発表した。

Shneiderman氏の提唱によると,情報可視化の手法は以下の7種類のデータ構造

『1次元,2次元,3次元,時系列,多次元,木構造,ネットワーク構造』

によって分類される[8]。

本章ではこの7種類のデータ構造[†1]を軸にして,情報可視化を実現する各種手法を紹介する。

2.1 チャート:日常生活にみられる情報可視化

われわれはチャートと呼ばれる各種の図示によって日常的にデータを眺めている。特に,棒グラフ[†2]や折れ線グラフは数値の分布や変化を表現するために小学校から用いられている。また,市販の表計算ソフトウェアの多くは,スプレッドシートに記入された数値群から各種のグラフを生成する機能を有してい

[†1] 特に,時系列データ,多次元データ,木構造データ,ネットワーク構造データの可視化は情報可視化手法の学術研究の中でも長い間にわたって大きな割合を占め,現在でも情報可視化の国際会議のセッション名に毎年のように登場する。

[†2] 情報科学の多くの文献ではグラフを「頂点の集合を辺で結んでできるデータ構造」の意味で用いている。また英語の文献では棒グラフや折れ線グラフを"graph"ではなく"chart"と呼ぶことが多い。一方で本書では,棒グラフや折れ線グラフを「グラフ」と称し,「頂点の集合を辺で結んでできるデータ構造」を「ネットワーク」と称している。この点で「グラフ」という単語の用法にねじれが生じている点にご注意されたい。

る。これらのグラフこそ，最も簡単で最も日常生活に浸透した情報可視化でもある。

本書で紹介する先進的な情報可視化システムも，必ずしも先進的な情報可視化手法ばかりが採用されているわけではない。棒グラフや折れ線グラフで十分な場合には一般的な棒グラフや折れ線グラフを使う場面も多い。また，先進的な情報可視化手法の中には，日常生活でも用いる一般的なグラフから派生した手法も多い。

このような背景を踏まえて，まず，一般的なグラフのいくつかを振り返ってから情報可視化の各種手法の紹介に入りたい。表計算ソフトウェアなどが扱う統計データのグラフの中でも特に普及しているもの[6, 7]を以下に列挙する（図 **2.1**）。なお，以下の説明では，データに含まれる構成物を「個体」と称する。例えば 100 人の生徒のテストの点数を集めたデータがあった場合には，その点数を「100 個の個体が有する数量」と称する。

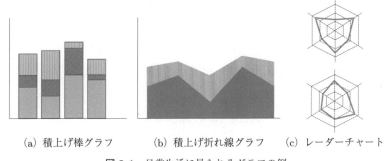

　　(a) 積上げ棒グラフ　　(b) 積上げ折れ線グラフ　　(c) レーダーチャート

図 **2.1**　日常生活に見られるグラフの例

棒グラフ系：棒グラフ・積上げ棒グラフ（図 (a)）など。各個体が有する数量の大きさを比較したい場合などに用いる。例えば，多数の生徒が受けた単一科目のテストの点数を比較したいときには棒グラフ，複数科目のテストの点数を比較したいときには積上げ棒グラフを用いる。

線グラフ系：折れ線グラフ・積上げ折れ線グラフ（面グラフ，図 (b)）など。おもに時間経過などの順列性を有する数量を観察するときに用いる。例えば，1

人の生徒が毎月受けている単一科目の点数の時間経過を表すときは折れ線グラフ，複数科目の合計点の時間経過を表すときは積上げ折れ線グラフを用いる。2.6節で後述する時系列データの可視化では現在も折れ線グラフが非常によく用いられている。

　レーダーチャート系：個体が有する多変量を観察したいときに用いる。例えば1人の生徒が6科目の試験を受けたとする。このときレーダーチャートでは，1点から放射状に伸びる6本の軸の上に各科目の点数をプロットし，それを連結してできる6角形をもって，その生徒の点数の取り方を表現する（図2.1 (c)）。この方法は後述する多次元データ可視化の典型的な一手法であり，2.3節で紹介する平行座標法もレーダーチャートに類似した表現である。

　帯グラフ系：帯グラフ・円グラフなど。複数の個体が有する数量の割合を表すときに用いる。

　散布図系：数直線・散布図・バブルチャートなど。多数の個体を有するデータに対して，各個体に画面上の位置を与えて点で表現する。2.2節および2.3節にて後述する。

　分布図系：ヒストグラム・ファンネルグラフ・箱ひげ図・ヒートマップなど。データを個体の集合としてその集計値の分布を観察したいときに用いる。

2.2　1次元，2次元，3次元データ

　前節で列挙した各種のグラフのうち，棒グラフ系，帯グラフ系，散布図系のグラフは1，2，3次元の情報の可視化に用いられることが多い。例えば，n個の個体で構成される集合 $A = \{a_1, a_2, \ldots, a_n\}$ があり，その各個体が1次元の値 $a_i = (x_i)$ を有していたとする。この各値は，例えばn本の棒で構成された棒グラフ，n個の部分領域を有する帯グラフや円グラフなどで描画が可能である。また，1本の数直線の上にn個の点をプロットするという形式でも描画が可能である。

　これを2次元に拡張して考える。集合Aを構成する各個体が2次元の値

$a_i = (x_i, y_i)$ を有していたとする.このような 2 次元データを可視化する手段として,この 2 値を 2 軸に割り当てた散布図を用いることが考えられる.

例として,Alice, Bob, Cindy, Dave の 4 人が英語と数学のテストを受けたとしよう.ここで 4 人の英語の点数だけを抽出した 1 次元データ,および英語と数学の点数を抽出した 2 次元データを生成したとする.これらのデータをそれぞれ図 2.2 (a) および図 (b) のように可視化することが可能である.

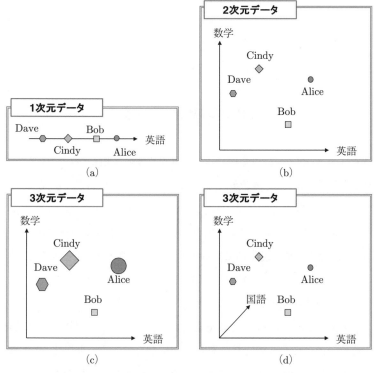

図 2.2 1 次元,2 次元,3 次元データの可視化

この 4 人がさらに国語のテストを受けたとして,3 科目の点数から 3 次元データを生成したとする.これは集合 A を構成する各個体が 3 次元の値 $a_i = (x_i, y_i, z_i)$ を有することに相当する.

これを可視化する手段として図 (c) に示すように,国語の点数をプロットの

大きさで表現することが考えられる。このような表現はバブルチャートと呼ばれることが多い。この考え方を拡張すれば，例えばプロットの色や形状にも別の変数を割り当てて4次元以上のデータを表現することも不可能ではない。ただしこの場合，どの変数を座標軸に割り当て，どの変数を大きさに割り当て……という選択によって印象の異なる可視化結果が生成されてしまう。この問題については4.2節で後述する。

また，別の可視化手段として図 2.2 (d) に示すように，奥行き方向にも座標軸を設けた3次元空間に3変数を割り当てることが考えられる。しかし3次元の可視化手法には，奥行き方向の視覚認知をはじめとして多くの課題が残っている。この問題については4.6節で後述する。

2.3 多次元データ

前節では1次元から3次元のデータを可視化する手段について論じた。この考えを拡張して本節では，4次元以上の次元数を視野にいれた多次元データの可視化手法について論じる。以下，m 次元ベクトル $a_i = (x_{i1}, x_{i2}, \ldots, x_{im})$ で表現される n 個の個体の集合 $A = \{a_1, a_2, \ldots, a_n\}$ を多次元データと定義する。

なお，多次元データ可視化に関する諸手法は，いくつかのサーベイ論文[9,10]にて体系的に紹介されているので必要に応じて参照していただきたい。また，多次元データ可視化に関するサーベイサイト† にも多数の手法が紹介されている。

さて，Alice，Bob，Cindy，Dave を含む生徒たちが4科目以上の試験を受けたとする。この生徒たちの点数分布からなにをどのように可視化したいであろうか。例として以下のような目的意識での可視化が容易に想像される。

「概略的に全生徒の全点数の分布を眺めたい」

「点の取り方が似ている生徒たちを発見したい」

「科目間にどのような相関があるかを観察したい」

---

† Visualizing High-Dimensional Data: Advances in the Past Decade, http://www.sci.utah.edu/~shusenl/highDimSurvey/website/（以降，URL は 2017 年 12 月現在の情報）

「生徒たちの得点の傾向を目を引くように伝えたい」

以下，多次元データ可視化に関するいくつかの手法を紹介し，それらがどのような目的意識の可視化に向いているかを議論する。

2.3.1 散布図

散布図（scatterplots）の本来の意味はすでに図 2.2 で示したとおり，2 次元や 3 次元の直交座標系の各軸に変数を割り当てて，多次元データ中の各個体を点でプロットする手法である。いい換えれば，一般的に散布図による多次元データの可視化は，与えられた多次元データのうちわずか 2, 3 個の次元で構成される空間を示しているに過ぎない。

散布図を用いて多次元データの全体像を 1 画面に表示するための手法として，以下のアプローチが幅広く試みられている。

（1） 次元削減手法の適用　次元削減とは，多次元データを構成する変数を，その意味や性質を保持しながら，より少ない変数に置き換えることを指す。次元削減はデータサイズの圧縮や，俗に「次元の呪い」と呼ばれる高次元データゆえの不十分な学習効果を避ける目的で用いられる。この方法を応用して，多次元データを構成する変数を 2 次元または 3 次元の変数に置き換え，2 次元可視化手法または 3 次元可視化手法を適用することができる。多くの場合において，多次元データの次元削減結果は散布図によって描画される。

図 2.3 (a) は m 科目の試験を受けた各生徒の点数を m 次元ベクトルとみな

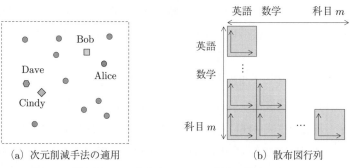

図 2.3　散布図による多次元データの可視化に関するイラスト

し，これに次元削減を適用して各生徒の2次元座標値を求め，散布図で表示した結果をイラストにしたものである．次元削減を適用した散布図で近くに配置されている点は，おのおのがもつ数値の類似度が高いことを意味する．このイラストの場合には，AliceとBobの2名は点の取り方が似ており，またCindyとDaveも点の取り方が似ていることが示唆される．ただし，この図では横軸・縦軸が特定の科目の点数を表しているわけではない．よって，この点群の配置結果だけから各生徒が各科目で何点を取ったのかを読み取ることはできない．

このように，次元削減を適用することにより，多次元空間全体にわたる個体間の距離関係や密度分布を可視化できる．しかし，各次元の数値を直接読み取ることは難しい．

多次元データを散布図で表現するための典型的な次元削減手法として，主成分分析（principal component analysis, PCA）や多次元尺度構成法（multidimensional scaling, MDS）などが適用されてきた．しかしこれらの手法ではデータの性質を十分に保存した可視化結果が得られないこともあるため，さまざまな改良手法が現在も議論されている．

（2）**散布図行列** 多次元データの可視化の典型的な目的の一つに，どの次元ペア間に相関があるかを観察する，という工程がある．これを総当たり的に視覚表現したものが散布図行列（scatterplot matrix）である．散布図行列は，すべての2次元ペアを対象として散布図を作成し，それを格子状に並べて一覧表示したものである．

図2.3（b）は散布図行列を図解した例である．この例において，左からj番目で上からi番目の散布図は，j番目の変数とi番目の変数を2軸に割り当てた散布図となっている．

m科目の試験を受けた生徒のデータの場合には，図（b）に示すように，それぞれの科目が縦横に並んだ散布図行列が生成される．これを見ることで例えば，数学が得意な生徒は理科も得意であることが多い，数学は点数が広く分布しているが英語は同じくらいの点数に多くの生徒が固まっている，といった形で任意の組合せの2科目の傾向を観察できる．

この可視化により，任意の組合せの次元間の相関を一画面で視認できる．しかし個々の散布図は画面上では非常に小さくなってしまうため，この可視化結果だけから数値分布を詳細に眺めるのは困難となる．

(3) 対話操作とアニメーション 散布図自体はあくまでも2.2節で図示したような2次元・3次元ベースの表現を用いつつ，各座標軸に割り当てる変数を対話操作によって切り替え，それによる可視化結果の変化をアニメーション表示によってスムーズに差し替える，という考え方による実装も知られている．

対話操作の可能な環境を前提とした散布図ベースの可視化手法の代表例としてRolling the Dice[11]という可視化手法が提案されている．この手法ではユーザインタフェースやアニメーションを駆使して，散布図の各軸に割り当てる変数をシームレスに切り替えることができる．

2.3.2 平行座標法

平行座標法（parallel coordinate plots）は多次元データを折れ線の集合で可視化する手法である．m科目の試験を受けたn人の生徒たちのデータの例でいうと，図2.4 (a) に図示するとおり，各科目の点数を平行な座標軸の上に表し，1人の生徒の点数を1本の折れ線で表現する．この例ではm本の平行な座標軸の上にn本の折れ線を描くことになる．

いい換えれば平行座標法では，多次元データを構成する1番目からm番目の次元を表す各座標軸を，それぞれ鉛直な線分で表現し，それを左右方向に並べ

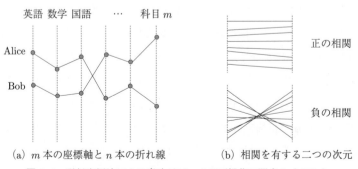

(a) m本の座標軸とn本の折れ線　　(b) 相関を有する二つの次元

図 2.4 平行座標法による多次元データの可視化に関するイラスト

る。そして多次元データ中の各個体が有する各変数値 $(x_{i1}, x_{i2}, \ldots, x_{im})$ を座標軸上にプロットし，折れ線で結ぶ。

平行座標法の長所は，多次元データのすべての次元における各個体の値を読み取ることが可能であり，また，各次元の数値分布を1画面で一気に視認できる点である。また，画面上で左右に隣接する次元間の相関を視認するのに向いている。図2.4 (b) に示すとおり，強い正の相関を有する2軸間では個体を表現する多くの折れ線が水平に並び，強い負の相関を有する2軸間では多くの折れ線が交差してX字状に描画される。

一方で平行座標法には原理的に以下のような問題点がある。

問題点1: 各個体を表現する折れ線が互いに絡みあうので視認性に問題が生じやすい。

問題点2: 非常に高次元なデータにおいて非常に細長い画面領域を必要とする。

問題点3: 画面上で隣接していない次元間の相関を読み取るのは容易ではない。いい換えれば，たまたま画面上で隣接しなかったばかりに，次元間の相関を見落としてしまうことが容易に起こり得る。

この中でも問題点1を回避するために，以下のようなさまざまな改良手法が提案されている。

- 個体にクラスタリングを適用し，クラスタごとに固有の色を割り当てる。
- 例外値を有する折れ線を強調的に表示する。
- 特定の座標軸を上下反転し，高い値が下，低い値が上，というように値を割り当てることで，折れ線の絡みあいを低減する。
- 対話操作機能によって選択された折れ線群を強調表示する。

また，問題点2の解決策として，表示してもあまり知見が得られないような次元の表示を省略することで画面領域を節約することが考えられる。例えば，他のどの2軸とも強い相関を有さない変数を省略することで，可視化結果を簡素にすることもできる。問題点3については，画面上での座標軸の配置順を最適化することである程度解決できる。具体的には，強い相関を有する2軸ができ

るだけ多く隣接するように軸の配置順を選ぶことで，平行座標法による可視化を効果的にする．筆者が開発している Hidden[12]† という可視化手法はこの点に着目して，強い相関を有する次元グループを半自動的にいくつか抽出し，それらを低次元な平行座標法の集合で表示する．図 2.5 にそのスナップショットを示す．

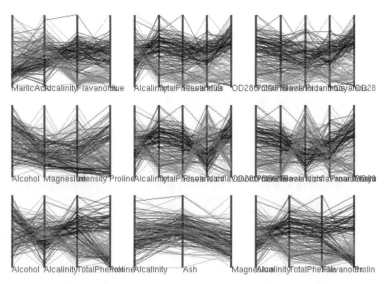

図 2.5 多次元データ可視化手法 Hidden による可視化

2.3.3 ヒートマップ

ヒートマップは数値の大きさを色で表現する可視化手法の代表例であり，後述する時系列データ可視化にも多用される．

多次元データ可視化にヒートマップを利用する際には一般的に，次元と個体を縦横に並べ，その個数に応じて画面空間を格子状に分割し，その各領域に色を割り当てることで数値を表現する．ここまで例に使ってきた「m 科目の試験

---

† Java 言語による実装 https://github.com/itot0103/Hidden/
また，筆者の担当科目にて Hidden を用いたデータ分析を自由課題にしている．
http://itolab.is.ocha.ac.jp/~itot/teaching/work/cvis/

を受けた n 人の生徒」というデータの場合には，図 **2.6** に示すように，m 個の科目を横に，n 人の生徒を縦に並べることで画面空間を格子状に分割し，試験の点数に対応した色で各領域を塗りつぶす．

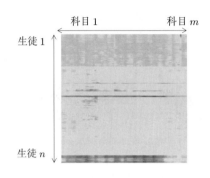

図 **2.6** ヒートマップによる多次元データの可視化に関するイラスト（制作：井元麻衣子氏，口絵参照）

一般的な表現に置き換えると，横方向に 1 番目から m 番目の次元を，縦方向に 1 個目から n 個目の個体を並べ，$m \times n$ 個の長方形の集合として格子を形成する．そして左から j 番目，上から i 番目の長方形を x_{ij} に対応した色で塗りつぶす，という処理によりヒートマップを構成する．

このような格子型のヒートマップは，散布図の点群や平行座標法の折れ線のような画面上での重なりを生じない．そのため，十分な画面解像度さえあればすべての数値を読み取ることができる．一方で 4 章で後述するとおり，色による数値表現は読み取りの正確さの点で他の手法に比べて劣る．

また，格子型のヒートマップでは，次元および個体の並び順によって可視化結果が大きく異なる．多くの場合において，類似度の高い次元が隣接するような並び順，あるいは類似度の高い個体が隣接するような並び順が良好な可視化結果をもたらす．そこで，次元および個体にデンドログラム（dendrogram）を適用して次元および個体を類似度にそって体系化し，その並び順をもって次元や個体を並べ替えて可視化する，という手段がよく採用される．

2.3.4 グ リ フ

グリフとは，「絵文字」，「象形文字」を意味する用語であり，多次元データ可

視化にもしばしば用いられてきた。多次元データの表現におけるグリフは，抽象的な図形を指すこともあれば，実世界に存在する物体を模倣した一種のメタファーを採用することもある。図 **2.7** はメタファーの一例であり，「左目の大きさ」，「右目の大きさ」，「口の大きさ」，「顔の大きさ」といった視覚要素に各次元を割り当てている。

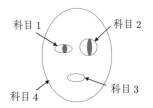

図 **2.7** グリフによる多次元データの可視化に関するイラスト

2.4 階層型データ

本書における「階層型データ」とは読んで字のごとく，データを構成する個体群が階層的に分類されたデータであり，特に注釈がない限り本書では木構造と同義とする。

　ある自治体の全生徒が学校や学年で分類され，さらにクラブ活動で分類されているとする。もしこのデータを閲覧する人が，この学校にどんなクラブ活動があるかを知らない場合，まず閲覧者はクラブ活動の一覧を見るであろう。そして続いて，注目したい特定のクラブにどんな生徒がいるかを確認するであろう。このような閲覧はまさに，木構造のルート（階層構造の頂点）を出発点として，データ構造を探索するような閲覧であるといえる。

　一方で例えば，この全生徒の数学の点数がどのように分布しているかを閲覧したいとする。この場合にまず必要な情報は，「全生徒の数学の点数を一覧すること」である。そしてきっと閲覧者は，「特定の学校の特定のクラブに数学の点数が高い（または低い）生徒が多い」といった注目すべき現象の発見に努めるであろう。このような場合にはまず，「全生徒の数学の点数」が見晴らしよく表

示されていることが重要となる。

本節では上記の2種類の閲覧工程のおのおのに向いた階層型データ可視化手法を紹介する。まず，前者の目的に向いた「ノード・リンク型手法」を紹介し，続いて後者の目的に向いた「空間充填型手法」を紹介する。

なお，木構造を中心とする階層型データ可視化の代表的な手法は，いくつかのサーベイ論文[13]およびTreevis.net†というサーベイサイトに紹介されている。必要に応じて参照していただきたい。

2.4.1 ノード・リンク型手法

情報可視化における「ノード・リンク型 (node-link)」とは，頂点（ノード）間に線分（リンク）を描くことで頂点間の接続構造を描画することを意味する。階層型データの可視化では，親子関係のあるノード間にリンクを描くことで木構造を表現できる。

その基本的な概念は情報可視化が学術分野として成立する以前から，「グラフ描画」(graph drawing) という学術分野にて長年にわたって議論されている。グラフ描画の代表的な書籍[14]では，図 2.8 に示すレイヤ型，放射型，HV型（水平線と鉛直線を交互に生成する型）など，ノード・リンク型による階層型データ描画の多くのスタイルを紹介している。情報可視化が学術分野として成立して以降の代表的な手法としては，円錐状に木構造を表現する cone tree[15]や，表示空間の歪みにより全体を俯瞰しながら局所を拡大表示する hyperbolic

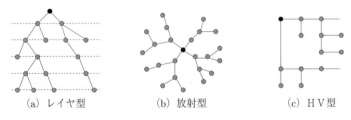

(a) レイヤ型　　　(b) 放射型　　　(c) HV型

図 2.8　ノード・リンク型の階層型データ可視化

---

† http://vcg.informatik.uni-rostock.de/~hs162/treeposter/poster.html

tree[16]などが発表されている。

ノード・リンク型手法は概して，階層型データを構成する親子関係の分布などを理解するのに向いている。また，ズーム操作やナビゲーション操作が可能な環境において，親ノードから出発して子ノードを選択して辿るような探索的操作に向いている。

私達の日常生活には階層構造を構成する情報が非常に多い。企業，自治体，学校などの各組織は階層構造によって成立している。商品や図書の多くは階層的に分類されている。計算機のファイルシステムはディレクトリ構造によって階層化されている。ウェブサイトのサイトマップの多くは階層構造として記述されている。そしてこれらの情報に対する閲覧者の多くは，情報の最上位階層（例えば，ファイルシステムのルート，ウェブサイトのトップページなど）から下位階層に向かって探索するようにして自分の必要な情報を発見する。つまり，ノード・リンク型の階層型データ可視化手法は，私達の情報探索のきわめて基本的なスタイルの一つを図示したものであるとも考えられる。

2.4.2 空間充填型手法

大規模な階層型データの末端（木構造でいう葉ノード群）を俯瞰するために，treemaps[17]に代表される 空間充填型（space-filling）の可視化手法が提案されている。

treemapsはもともと帯グラフを入れ子状に配置することで階層構造を表現する手法であった。図 2.9 (a) はtreemapsによる可視化結果をイラストにした

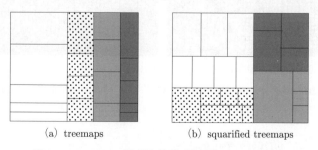

図 2.9 treemaps（空間充填型の階層型データ可視化）

ものである。このイラストでは長方形領域を左右四つの長方形に分割することで帯グラフを生成し、さらにそのおのおのを上下に分割することで小さい帯グラフを4個生成している。結果として木構造の葉ノードは小さい長方形の集合で表現される。

treemaps は葉ノード群を俯瞰するには便利である反面、非常に細長い長方形領域ができることがあり、視認性の面で大きな問題があった。そこで、再帰的に帯グラフを生成するかわりに、図2.9 (b) のように正方形に近い長方形による分割で階層構造を表現する squarified treemaps[18]が発表された。さらにその後にも、quantum treemaps[19]、voronoi treemaps[20]といったいくつかのバリエーションが発表されている。

treemaps を応用して階層構造の末端に配置されたデータ要素を一覧表示する、というアプリケーションはすでに多数ある。例えば、業界ごとに階層的に分類された各社の株価を一画面で俯瞰する[†1]、フォルダに分類された大量の写真を一画面で俯瞰する[†2]、といった用途が考えられる。

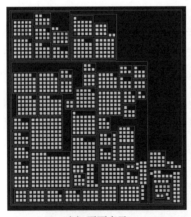
(a) 平面表示

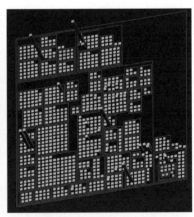
(b) 立体表示

図 2.10　多次元データ可視化手法「平安京ビュー」による可視化（口絵参照）

[†1] 例えば、http://finviz.com/map.ashx
[†2] 例えば、https://photomesa.en.softonic.com/

treemapsはトップダウン的に画面空間を分割するアルゴリズムに基づいているが，逆にボトムアップ的に画面空間を充填することでも空間充填型の階層型データ可視化を実現できる。筆者が発表した「平安京ビュー」[21, 22]がその一例である[†1]。図 **2.10** にそのスナップショットを示す。この手法では木構造の葉ノードにあたる個体を色のついたアイコンまたは棒で，枝ノードにあたる長方形領域を灰色の境界線で表示する。

2.5 ネットワーク

個体と個体との接続関係の集合によって表現される情報は身の回りにも多数ある。例えば，人と人を結ぶ友人関係や都市と都市を結ぶ公共交通機関，計算機のネットワーク構造やウェブのリンク構造。このような情報を本書ではネットワーク[†2]と呼ぶ。また本書では，ネットワークを構成する個体をノード，接続関係をエッジ[†3]と呼ぶ。

本章ではネットワークを以下のように定義する。n 個の頂点（ノード）$V = \{v_1, v_2, \ldots, v_n\}$ と，それを接続する m 本の辺（エッジ）$E = \{e_1, e_2, \ldots, e_m\}$ があるとき，$G = \{V, E\}$ をネットワークと称する。ここで，1 本の辺 e_i は変数 (v_{i1}, v_{i2}, w_i) を有するものとする。ここで，w_i は当該エッジの重みを表す。エッジに方向をもたせない場合には v_{i1} と v_{i2} の出現順に意味はないが，エッジに方向をもたせる場合には両者の出現順は当該エッジの向きを表す。

ネットワークには多種多様なデータがある。特に「ノード位置が固定されているか否か」，「エッジに方向をもたせるか」の 2 点は可視化手法の選択に大きく影響する。本節では，ノード位置があらかじめ固定されていないデータを対象とし，有向・無向を問わず共通に利用できる手法を紹介する。

[†1] Java 言語による実装 https://github.com/itot0103/HeiankyoView/
[†2] 前述のとおり本書では，個体間の接続関係によって生じるデータを「グラフ」とは呼ばずに「ネットワーク」と呼ぶ。ただし，後述する「グラフ描画」という学術分野については例外的にそのまま「グラフ描画」と呼ぶ。
[†3] 文脈によっては「アーク」，「リンク」と呼ばれることもある。

ネットワーク可視化の手法は 2.4 節で前述した「ノード・リンク型手法」が圧倒的に多く実用化されている。本節も「ノード・リンク型手法」を前提として各技術を紹介する。

「ノード・リンク型手法」に基づくネットワーク可視化のための基礎技術は，計算機による可視化が発達する以前から議論されてきた「グラフ描画」[14]という学術分野を踏襲している。また，計算機によるネットワーク可視化については，いくつかのサーベイ論文[23,24]がその諸手法を網羅的に紹介しているので，必要に応じて参照していただきたい。

2.5.1 グラフ描画

グラフ描画の黎明期には，グラフを描画するための基礎理論とその実現可能性が議論され，視認性の高い描画スタイルが追求されてきた。具体的な例として，

- エッジ間の交差を減らすためのグラフ平面化処理
- エッジを直交化または折れ線化することによる可読性の向上
- 有向グラフにおけるエッジ群の流れの保持
- ノードとエッジの漸進的な追加描画処理

などが活発に議論されてきた。

しかし，現実世界のネットワークデータは古典的なグラフ描画が対象としてきたデータよりもはるかに大規模かつ複雑なものが多く，古典的なグラフ描画手法だけでは対処できない場合が多い。そこで，計算機を用いたネットワーク可視化の研究では，計算的アプローチによる視認性の高い描画スタイルが模索されてきた。

2.5.2 ノード配置問題

ネットワーク可視化の可読性を最も大きく左右する要因はノード配置である。図 2.11 (a) はまったく同じ接続構造を有するネットワークに対してノードの配置を 2 種類試みた例である。この 2 種類の配置結果をみて，「左側のほうが可読性が高い」という人はいないであろう。このようにノード配置はネットワー

2.5 ネットワーク

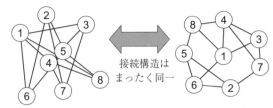

(a) まったく同じ接続構造を有するネットワークに対する2種類のノード配置

(b) ヘアボール問題

ノード数やエッジ数の大きいネットワークを無造作に配置することでエッジが絡み合って視認性の下がった状態を俗に「ヘアボール問題」という。

図 **2.11** ノード配置

クの可読性に大きな影響を及ぼす。

ノード数やエッジ数が多いネットワークにおいて，この影響は顕著に現れる。時としてネットワーク可視化結果はエッジの絡み合いによってまったく可読性のないものになってしまう。このような状態を俗に「ヘアボール問題」(図 (b))と呼ぶ。

ここで，可読性の高い可視化結果を得るためのノード配置の条件として，例えば

- ノードが一定以上の距離を保つ
- エッジの長さの総和を短くする
- エッジが別のノードと重ならないようにする

といった条件が考えられる。このような条件を満たすようにノード配置を決定する問題が，長い間にわたって議論されてきた。

その中でも最も活発に研究されてきた手法として，図 **2.12** に示す力学指向 (force-directed) 手法がある。力学指向手法では，ノードに質量および斥力（例えば，分子間力を模倣したモデル）を与えることでノード間距離を適正化し，さ

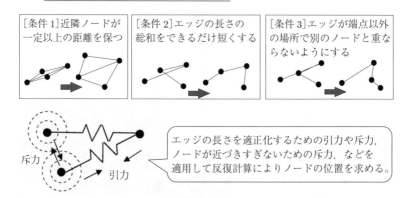

図 **2.12** 力学指向のノード配置手法

らにエッジの長さを適正化する力(例えば,フックの法則)を与える.そして,その力学が釣り合う位置を運動方程式の反復解法などによって求める.

　力学指向手法とは別に最近注目されている手法に,次元削減を応用した手法がある.ノードを行および列に配列した正方行列を仮定し,その各セルに2ノード間のエッジの重みから算出される値を代入することで各ノードをベクトル表現し,そのベクトルに次元削減手法を適用することで,上述の条件をある程度満たすノード配置が実現される.

　ネットワーク可視化のためのノード配置問題については Gibson らのサーベイ論文[23]が非常に詳しく解説している.力学指向のノード配置手法については,バネモデルや電磁モデルなどを適用した手法,エネルギー最小化問題を適用した手法を網羅的に紹介している.次元削減を応用した手法については,多次元尺度構成法(MDS)や高次元埋め込み法(high dimensional embedding, HDE),自己組織化マップ(self organizing map, SOM)などを利用した手法を紹介している.また,これらの手法を効率的に解くための計算手法,ノードに属性や制約があるときのための拡張手法などを論じている.

2.5.3　ノードクラスタリング

大規模なネットワークデータの概略的な構造を視認しやすくする手段として,

ノードクラスタリングがしばしば適用される。ノードクラスタリングはネットワークを構成するノードの部分集合群を生成するものである。この部分集合を一種のかたまりとして描画することで，ネットワークの概略的な構造を理解しやすくする。

ノードクラスタリングの多くの手法は，接続関係の密度が高い部分集合（コミュニティと呼ばれることが多い）をクラスタとして抽出する。これを可視化することで，ネットワーク中にどのような部分集合が存在し，部分集合間にどのような接続関係を有するかを視認することが容易になる。

一方で，ノードクラスタリングの指標はほかにも存在しており，これを使い分けることで異なる可視化結果が得られる。一例として，筆者によるネットワークデータ可視化手法 Koala[25]† のスナップショットを図 **2.13** に示す。

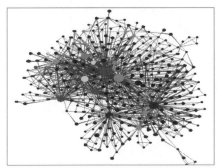 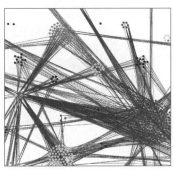

(a) ネットワークデータ全体の表示　　(b) データの一部の拡大表示

図 **2.13**　ネットワークデータ可視化手法 Koala による可視化

このネットワークデータ可視化手法では，ノードクラスタリングの指標として「多くの共通隣接ノードを有する」，「ノードの属性を表す多次元ベクタ値が類似している」の2指標を採用している。この指標を用いることで，「多数の他のノードに接続された重要なノードが大きなクラスタから独立される」，「より多くのエッジが束化（後述）される」といった特徴を得ることができる。

なお，クラスタリングを含むグループ構造化を施したネットワークの可視化

---

† Java 言語による実装 https://github.com/itot0103/Koala/

手法はサーベイサイト† に多数紹介されている。

2.5.4 エッジ処理

ネットワーク可視化における可読性を向上させる一手段として近年流行している技術に，エッジ束化 (edge bundling)[26] がある。エッジ束化とは，近隣する多数のエッジを1本の大きな束に見えるように変形することで，エッジが画面いっぱいに絡まって見える状況を緩和し，ネットワークの概略的な構造を把握しやすくする。

筆者によるネットワークデータ可視化手法 Koala に実装されているエッジ束化の適用例を図 **2.14** に示す。この例では同一の2クラスタに所属する2ノー

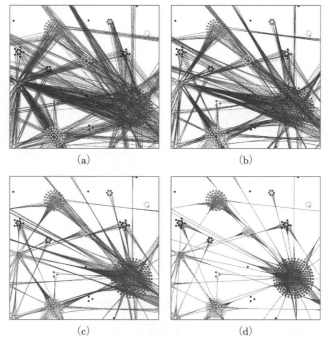

図 (a) がまったくエッジ束化を適用しない可視化結果であり，
図 (b)～図 (d) の順に束化が強く適用された可視化結果となる。

図 **2.14** エッジ束化（口絵参照）

---

† http://groups-in-graphs.corinna-vehlow.com/

ドを接続するエッジ群を曲線化することで束のように見せる．図 (a) はエッジ束化をまったく適用していない状態で，このままではエッジが画面いっぱいに絡まって見える．図 (b)〜図 (d) は徐々にエッジ束化を強く適用した結果であり，これによってエッジの混雑度が緩和して見えるようになる．ただし，エッジ束化を強く適用すると図 (c)，図 (d) のように，どの 2 ノードが接続しているかはほとんどわからなくなる．図 (d) にいたっては何本のエッジが 1 本の束を構成しているかを視認するのさえ難しくなっている．このため，エッジ束化では束となったエッジ群の描画の際に色・太さなどを操作することで，その束の太さを実感しやすくするように工夫されていることが多い．

なお，エッジ束化については Zhou らのサーベイ論文[27]に体系的に紹介されている．具体的には，インク最小化やエネルギー最小化などのコストベース手法，階層型・格子型の形状処理ベース手法，画像処理ベース手法に分類されている．

2.6 時系列データ

情報可視化における時系列データの定義は非常に幅広い．本節では，折れ線グラフやヒートマップなどで表現できる狭義の時系列データと，それ以外の可視化手法が対象とする広義の時系列データに分けて議論を進める．

なお，時系列データの可視化については Visualization of Time-Oriented Data というウェブサイトの中でサーベイ書籍[28]とサーベイサイト† が紹介されているので，必要に応じて参照していただきたい．

2.6.1 狭義の時系列データ：折れ線グラフ，ヒートマップによる可視化

例えば，n 人の生徒が m か月間にわたって毎月数学の試験を受けたとする．この生徒たちの点数の変化からなにをどのように可視化したいであろうか．例として以下のような目的意識での可視化が容易に想像される．

---

† http://www.informatik.uni-rostock.de/~ct/timeviz/index.html#tabs-browser

「概略的に全生徒の全点数の変化を眺めたい」

「点の変化が似ている生徒たちを発見したい」

「一斉に多くの生徒が同様な変化を見せている特定の時期を発見したい」

このような目的意識を満たすために，折れ線グラフやヒートマップを用いた古典的な可視化手法の改良が学術的にも活発に試みられてきた。

本節では狭義の時系列データとして，時刻 t_1 から t_m までの m 個の時刻における値 $a_i = (x_{i1}, x_{i2}, \ldots, x_{im})$ で表現される n 個の個体の集合 $A = \{a_1, a_2, \ldots, a_n\}$ を対象とする。

旧来からわれわれの日常生活において，時系列性を有するデータは画面や紙面の横軸を時間軸として表現されることが多い。時系列データの可視化においてもこの習慣は継承されており，横軸を時間軸とした折れ線グラフやヒートマップが多く用いられている。日常生活において狭義の時系列データの表示には折れ線グラフが最も多く用いられているのと同様に，情報可視化ソフトウェアにおいても時系列データの可視化には折れ線グラフが最も多く用いられる。それに対して，色で数値を表現するヒートマップやピクセルマップも，専門性の高い分野では多く用いられている。

図 **2.15** に折れ線グラフとヒートマップの例を示す。折れ線グラフは多くの

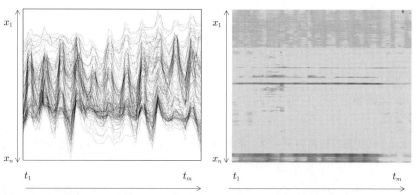

(a) 折れ線グラフによる時系列データ可視化 　(b) ヒートマップによる時系列データ可視化
　　（制作：内田悠美子氏）　　　　　　　　　　　（制作：井元麻衣子氏）

図 **2.15** 折れ線グラフとヒートマップ（口絵参照）

場合において時刻 $t_1 \sim t_m$ を横軸に配置し，値 x_{ij} の大きさを縦軸に配置する．折れ線の代わりに点群等を配置する場合にも同様である．それに対してヒートマップでは多くの場合において，時刻 $t_1 \sim t_m$ を横軸に配置し，個体 $x_1 \sim x_n$ を縦に並べることで，$m \times n$ 個の長方形領域を構成し，そのおのおのを値 x_{ij} の大きさから色を算出して塗りつぶす．

折れ線グラフとヒートマップは以下の点で一長一短の関係にある．

- 折れ線グラフのほうが日常的に見慣れている人が多い．
- 折れ線グラフのほうが正確に数値を読み取れることが多い．
- 多数の個体を有するデータを1画面に表示するとき，折れ線グラフでは個体どうしが絡みあって可読性を低下させる問題が生じるが，ヒートマップのほうがこのような問題は生じにくい．

2.6.2　広義の時系列データ：多次元，階層型，ネットワークデータとの融合

前節までに紹介した多次元，階層型，ネットワークデータにおいても，時系列性を有するデータを可視化の対象にする事例が増えている．例えば，i 番目の個体の時刻 t_j における数値が多次元であるとしたら，このデータは時系列データであると同時に多次元データでもある．また，n 個の個体のうち任意の2個 x_i と x_j の間にリンクが存在する場合には，このデータは時系列データであると同時に階層型データまたはネットワークデータでもある．このようなデータの可視化の多くは，「3次元以上の空間を適用する手法」と，「2個以上の可視化空間を連携する手法」[†] に分類される．

（1）3次元以上の空間を適用する手法　多次元，階層型，ネットワークなどの非時系列なデータ構造を2次元空間または3次元空間に配置し，時刻を3次元目または4次元目に割り当てて可視化する．ここで時刻を割り当てる次元には以下のようなものが考えられる．

- 3次元空間の一座標軸を割り当てることで，立体的に時系列性を可視化する．

[†] 2.7 節にて後述する coordinated view や linked view の一種である．

36   2. データ構造と情報可視化手法

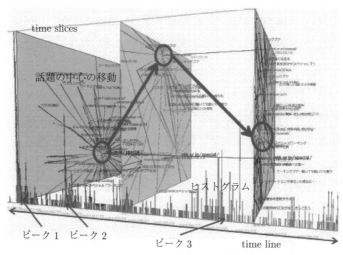

(a) 3次元以上の空間を適用する時系列データ可視化の例

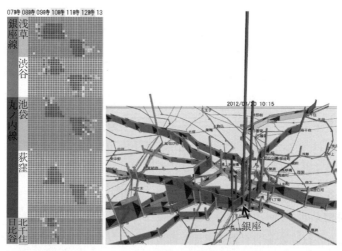

(ⅰ) heat map ビュー　　　　(ⅱ) animated ribbon ビュー
(b) 2個以上の可視化空間を連携する時系列データ可視化の例

図 2.16　時系列データ可視化の例（提供：東京大学生産
　　　　　技術研究所　伊藤正彦氏）（口絵参照）

- 色空間の一座標軸を割り当てることで，色で時系列性を可視化する．
- アニメーション機能を適用し，再生時の時刻をデータ中の時刻に対応づける．

図 2.16 (a) は時系列データ中の各時刻におけるネットワーク構造を 2 次元平面上に可視化し，それを平面に垂直な時間軸に沿って並べた可視化の例[29]である．結果として，可視化のための 2 次元空間と時間軸とで構成される 3 次元空間に時系列データが可視化されている．

(2) 2個以上の可視化空間を連携する手法　一つ目の描画領域には単一時刻における非時系列なデータ構造を描き，二つ目の描画領域には時系列情報を描き，互いにそれらを連携操作させる．

図 2.16 (b) は横軸を時間軸とするヒートマップ (図中 (i)) に鉄道の乗客数の時間変化を示し，同時に地図 (図中 (ii)) 上にも乗客数を示した例[30]である．ヒートマップと地図という二つの可視化空間を用いることで，時系列情報と空間情報が連携された形で可視化されている．

2.7　その他の情報可視化手法

本章ではここまで，Shneiderman 氏によるデータ構造の分類に沿って情報可視化手法を紹介してきた．これに該当しない情報可視化手法の例，およびこれらの情報可視化手法を束ねる研究の例として，以下があげられる．

(1)　個体群とその集合で構成されるデータの可視化　英語では set visualization (集合可視化) と呼ばれる．まず個体群の画面での配置を求め，続いて各集合に含まれる個体群を境界線で囲むことで，ベン図のような図を自動的に作ることを目的とする．個体群の配置は位置情報などから事前に決まっている場合と，配置を求めること自体が処理の一部である場合がある．いずれの場合にも，集合の数が多い場合，あるいはその包含関係が複雑である場合に，可視化結果が複雑になって視認性が下がることが多く，その問題点を解決するための手法がいくつか発表されている．代表的な手法に Bubble Sets[31] や Line

Sets[32])があげられる。また，SetViz.net[†]というサーベイサイトにいくつかの手法が紹介されている。

（2） 位置情報・地理情報を含むデータの可視化　　2次元（多くの場合において経度と緯度）の実空間上に各種のデータ（多次元データ，ネットワークデータ，時系列データなど）を重ね描く可視化手法が多く発表されている。情報可視化の旧来の定義は「空間的構造を含まないデータを理解するための方法論」であった。それに対して位置情報や地理情報を含むデータの可視化は科学系可視化との中間的な性質を有するものであり，情報可視化の概念を拡張した例とも考えられる。

（3） テキストを入力情報とした可視化　　自然言語処理手法との融合によってテキスト情報の意味や傾向を視覚表現する手法が多数発表されている。テキスト情報そのものはShneiderman氏が提唱するデータ構造分類の定義に含まれないが，テキストから単語を抽出してその頻度を集計すれば多次元データや時系列データを構成することが可能である。あるいは単語の意味体系や類似度・共起性を木構造やネットワーク構造で表現することも可能である。それ以外にも，情報可視化手法の適用が可能な方向にテキスト情報を変換する方法はいろいろ考えられる。

（4） 複数の可視化手法の連携システム　　時系列データの可視化手法の解説の中で，「2個以上の可視化空間を連携する手法」という単語を用いた。時系列データに限らず，情報可視化が対象とするデータは複合化することが多い。例えば，木構造やネットワーク構造を構成する各ノードが時系列情報や多次元情報を有する，というのが典型的な例である。あるいは，位置情報・地理情報の上に多次元データ，ネットワークデータ，時系列データを有するデータにおいては，実空間での可視化と一般的な情報可視化手法での可視化を併用したい状況がしばしば発生する。このような場合において，可視化システムが複数の可視化手法を同時に起動し，互いにそれを連携させることで探索的な可視化を支援するシステムが多く発表されている。例えば，可視化された時系列データ

[†] http://www.cvast.tuwien.ac.at/~alsallakh/SetViz/literature/www/index.html

の一部をクリックすると，別画面に表示されたネットワークデータの対応部分がハイライトされる，といった機能を搭載することが典型的な例である．英語では coordinated views あるいは linked views と呼ばれることが多い．

（5） **適切な可視化手法の自動選択**　　非常に多くの情報可視化手法が提案される中で，任意のデータに対して最適な情報可視化手法を一つだけ自動選択することは容易ではない．ただし，与えられたデータのデータ構造や数値分布を解析することで，適切な情報可視化手法をいくつか例示することは十分可能である．このような形で情報可視化手法を半自動選択させる試みはいくつか発表されている[33]．

情報可視化の操作と評価

2章で紹介した情報可視化の各手法は，データを描画するためのソフトウェアとして実現される。いい換えれば情報可視化の手法自体は，データを格納する計算機・ディスプレイに接続された計算機の中で閉じた処理を実行しているといえる。

一方で，情報可視化を実用する際には，単にデータを描画して終了というのではなく，ユーザの介在がつねに存在する。つまり，本当に実用的な情報可視化技術を確立するためには，ユーザと計算機との間に存在するヒューマンファクタを考慮しないといけない。

以上の観点から本章では，情報可視化のための操作と評価について論じる。まず，情報可視化技術にユーザが積極的に介在するための対話操作（インタラクション）の方法論について議論する。続いて，情報可視化結果を評価するための方法論について議論する。

なお，情報可視化結果を観察するユーザの視覚認知と，それに対する描画デザインの適切なありかたについては，4章にてあらためて論じるものとする。

3.1 情報可視化とインタラクション

図3.1は情報可視化ユーザと計算機との間に存在するヒューマンファクタを図示したものである。情報可視化結果はディスプレイに表示され，ユーザはそれを観察する。その観察結果を反映してユーザは可視化画面を操作する。ここでいう操作とは，ズーム操作をはじめとする視点移動，クリック操作やドラッグ操作による情報選択などが例として含まれる。つまり，情報可視化技術の確立のためには，単に可読性の高い描画技術を追求するだけでなく，操作性の高

図 3.1 情報可視化ユーザによる操作と評価のループ

い技術を同時に求めることが重要となる．

では，可読性の高い描画技術とはどういうものであろうか．可視化結果を観察した結果としてユーザは画面から知識を獲得する．ここで知識を獲得しやすい可視化結果を実現するためには，視覚認知なども考慮に入れた上で，可読性の高い描画技術を確立する必要がある．そして，どのような描画技術によって可読性が高い可視化結果を得られるかを判断するためには，可視化結果を評価することが重要になる．

以上の観点から，まず本節では，情報可視化手法の操作方法について議論する．続いて次節では，情報可視化結果の評価手段について議論する．

3.1.1　情報可視化の操作方法ガイドライン

大規模かつ複雑な情報の全貌を一つの静的な情報可視化結果だけで表現するのは難しい．そこで情報可視化では，ユーザ自身による対話操作によって，データ中のユーザ自身が興味をもった部分を選択する，といった工程が重要となる．

黎明期の情報可視化技術は HCI（human computer interaction）を実現するための諸技術とともに発展した．HCI の学術コミュニティでは対話操作型ソフトウェアの操作方法をガイドライン化するための議論が活発となり，情報可視化の研究においても同様な考え方が進んだ．

情報可視化の代表的な研究者である Shneiderman は，情報可視化の代表的なインタラクションを

3. 情報可視化の操作と評価

> 概観表示（overview），ズーム（zoom），フィルタ（filter），
> 詳細表示（details-on-demand），関連付け（relate），
> 履歴（history），抽出（extract）

の七つに分類した．さらにその操作手順として，以下の Visual Information Seeking Mantra[8]（情報を視覚的に探索するための念仏）を提唱した．

> Overview first, zoom and filter, then details on demand.
> Overview first, zoom and filter, then details on demand.
> ......

全体像の概観，ズームとフィルタによる選択，そして選択部分の詳細表示．このような操作を情報可視化システムの上で反復することで，多くのユーザは有用な知識を獲得できる．このガイドラインは現在においても，多くの情報可視化システムにおいて踏襲されている．

筆者自身が開発したネットワーク可視化手法[25]を用いて，Visual Information Seeking Mantra に沿って可視化を進めた例を図 **3.2** に示す．この例ではノードが階層化されたネットワークを対象として，まず，図 (a) に示すようにデータ全体を俯瞰する．続いて図 (b) に示すズーム操作によってデータ中の局所に注目し，図 (c) に示すように不要なエッジをフィルタ操作することで可視化結果を簡潔にする．さらに図 (d) に示すように，ネットワークを構成するノードに関する詳細を文字情報として，必要に応じて別領域に表示する．以上の機能により，まずデータ全体を俯瞰し，続いてズームとフィルタによってデータ中の注視部分を絞り込み，必要に応じて詳細情報を表示する，といった操作手順を実現する．

では，Visual Information Seeking Mantra と情報可視化の要素技術にはどのような関係があるのか，Mantra を構成する各単語について解説する．

overview を実現するためには，データを概観するための適切な画面レイアウトと情報量調節が重要となる．階層型データ可視化における空間充填型手法や，

3.1 情報可視化とインタラクション

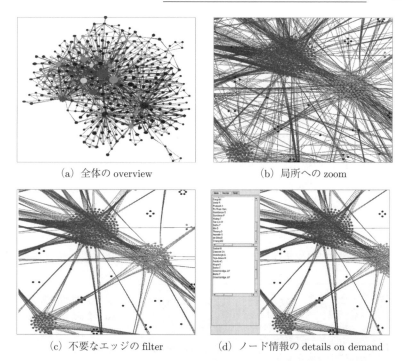

(a) 全体の overview　　(b) 局所への zoom

(c) 不要なエッジの filter　　(d) ノード情報の details on demand

図 **3.2**　Visual Information Seeking Mantra に沿って可視化を進めた例

ネットワーク可視化におけるノード配置問題などは，overview を実現するための重要な要素技術である．また，多次元データを平行座標法で可視化する際に軸を取捨選択する，階層型データをノード・リンク型手法で可視化する際に上位階層のみを表示する，といった方法によって情報量を調節することも考えられる．

zoom を実現する要素技術の代表例として，情報の局部選択に応じてなめらかに拡大表示・詳細表示する zoomable user interface[34] や，全体の概観表示を残したまま可視化空間を歪ませることで局所を拡大表示する魚眼表示（fisheye）などが知られている．特に魚眼表示は，可視化のコンテキストを保ちながら局所にフォーカスできる focus+context という考え方を具体化した一手法といえる．ノード・リンク型の階層型データ可視化の代表的手法である hyperbolic tree[16] が，focus+context を実現した代表的な手法とされている．

filter を実現する手段として多くの可視化システムでは，データ中の特定の部位を検索してハイライトする機能や，キーボード入力や GUI ウィジェットの操作にあわせて可視化対象を絞り込む機能を搭載している．また，前述の focus+context 機能による可視化結果では，フォーカスされた部分への zoom と同時に，デフォーカスされた部分では細部を割愛するという一種の filter が実現されているともいえる．

details-on-demand を実現する手段として多くの可視化システムでは，カーソルを局所に当てて静止した時点で自動的に注釈等を表示する機能や，対話操作によって指定した特定部位に関する部分詳細情報を別ウィンドウにて可視化する機能などを搭載している．

図 3.3 は情報可視化手法におけるインタラクションの中でも，筆者らが実装

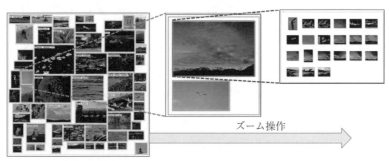

(a) 画像群の一覧表示のためのズーム操作（制作：五味 愛氏）

(b) focus+context 機能の一種

図 3.3　情報可視化におけるズーム操作の例（口絵参照）

したソフトウェアにおける zoom および filter の例である。

図 3.3 (a) は階層構造を有する画像群を一覧表示した例[35]である。この例ではまず，各階層における代表画像を表示する。ズーム操作によって1画像を拡大表示すると，その下位階層に属する画像群が表示される。このインタラクションによって，まず，画像群の全体的な構成を把握し，そこから興味ある部分画像群を探索できる。

図 (b) はノードが階層化されたネットワークを可視化した例[36]である。この例では色分け表示されたノードが画面の中央付近に集中的に配置され，それ以外の灰色のノードはいくつかのブロックとして表示されている。この可視化結果に対して focus+context 操作を適用することで，中央部分を拡大し，それ以外の部分を歪ませて表示する。

3.1.2 システム構築の観点からのインタラクション手法

前節で紹介した Visual Information Seeking Mantra は，データを描画した画面の一部にどのように手を伸ばすか，という観点から提唱された概念と考えることができる。それに対して，可視化の対象となるデータからなにを引き出せるか，あるいは可視化以外の情報システムも統合することでどんな業務を遂行できるか，というシステム構築上の観点からインタラクション手法を考察することもできる[7]。

ここで，データを入手してから可視化結果を描画し，その結果を操作するまでのシステム上での処理手順を考える。この議論のために本節では，情報可視化システムの典型的な処理手順を図 3.4 に図解する。

情報可視化はデータさえ入手できればすぐに適用できるとは限らない。なぜなら，身の回りのデータは必ずしもそのままでは情報可視化手法が前提とする構造になっていないからである。そこで，前処理としてデータを構造化する。ここでいう構造化とは，例えば木構造やグラフの構築，時系列順でのデータ要素の並べ替えなどを指す。

このようにして構造化されたデータを入力すると，情報可視化ソフトウェア

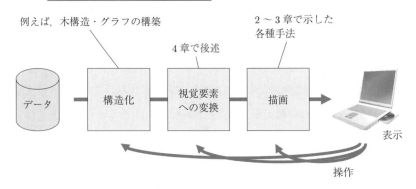

図 3.4　情報可視化の典型的な処理手順

はデータを構成する各要素を視覚要素（4 章にて後述）に変換した上で，2 章で論じた各手法を用いてデータを描画する．ユーザはこれを観察して操作する．操作結果は視覚要素への変換，あるいは描画処理に反映されるのが一般的であるが，時には前処理である構造化までさかのぼって指示を下すこともある．

Yi ら[37]は情報可視化の学術論文にて提唱されているインタラクションモデルをサーベイした上で，それまでに実装されてきた情報可視化のインタラクションを以下の 7 項目

select：　興味深い事象へのマーク付け
explore：　他の事象の探索
reconfigure：　異なる配置での表示
encode：　他の表現形態での表示
abstract/elaborate：　詳細度・抽象度の調節
filter：　条件付き表示（＝条件に合致しない事象の割愛）
connect：　関連する事象の表示

に分類した．この分類のうち abstract, filter, connect はそれぞれ Visual Information Seeking Mantra の zoom, filter, details-on-demand に近い意味を有する．それに対して reconfigure や encode は図 3.4 の「視覚要素への変換」まで戻って表示形態を切り替える操作に相当する．また explore は図 3.4 の「構造化」まで戻ってデータを切り取りなおす操作に相当する．以上の観点から，

Yi らの分類は情報可視化システムの処理全般にわたる操作手法を包括する分類であると考えられる。

以下，1.2 節で提唱した情報可視化の四つの用途（概観・解明・操作・報告）を軸にして，各種の情報可視化システムにおけるインタラクション手法を論じる。

（**1**）**概　　観**　情報可視化によってデータを概観するための当初の技術的課題は，限られた画面空間を有効活用してできるだけデータ全体を眺められるように，かつ，つぎの操作にスムーズに進めるようにデータを可視化することであった。例えば，2.4 節で紹介した空間充填型の階層型データ可視化手法は，限られた画面空間を木構造の葉ノードで隙間なく埋め尽くすことを特徴としてきた。そして，このような可視化を効果的にするためには，画面空間の面積に対して適切な量で情報を表示できるようにデータを構造化すること，あるいは zoom, filter, details-on-demand といった操作のためのアフォーダンスを示せるように表示内容を選別すること，といった非インタラクティブ面での技術が重要であった。

しかし，近年の表示デバイスの進展に伴い，データの概観のために必要な技術要件は変化しつつある。例えば，wall display のような大型ディスプレイ（図 **3.5**）を想定する場合[38]には，画面の画素数も物理的サイズも大きくなるため，画面に載せる情報量を絞る必然性がなくなる。一方で，そのような大型ディスプレイでの情報可視化にはインタラクション技術の実装が重要になる。例えば，大型ディスプレイにおいても対話操作に瞬時に対応できるだけの十分な描画速度を確保することが重要である。また，従来型のキーボードやマウスなどのデバイスが不向きになることも考えられるし，また，表示デバイス全体に手が届かないといった状況も起こり得る。よって，場合によっては操作用の小型タッチパネル（スマートフォンなど）やゲームコントローラーなどのデバイスを併用することが効果的となる。また，画面全体に同時に目を配ることが難しくなるので，視線追跡機（eye tracker）によってユーザの注視部分を把握しながらのインタラクションが効果的となる場合もある。

また，タブレットのようなタッチパネル型の表示デバイスも，スワイプ操作

48   3. 情報可視化の操作と評価

図 3.5　大型ディスプレイの例（提供：東京大学生産
　　　　技術研究所 伊藤正彦氏）

によって気軽に非表示領域を引き出せるので，論理的には非常に広い表示空間を想定することができる．このようなことからも，情報の概観のためのデータ構造化の考え方は，表示デバイスの進展に応じて切り替えていくことが望ましいと考えられる．

　ここまで「静的なデータの概観」について論じてきたが，一方で時間変化を伴う動的なデータにも概観が必要な場面がある．画面空間上に展開されるデータ要素を概観して興味ある領域を選択するのと同様に，時間軸に沿って展開されるデータ要素を概観して興味ある時刻を選択する操作も時として重要である．例えば，1日の交通量の変化をアニメーション表示によって概観し，興味深い現象が生じた時刻でアニメーションを停止して情報の詳細を探索する，といった用途はしばしば考えられる．このような用途においては情報可視化の汎用的なインタラクションに加えて，時間を早送りする，早戻しする，特定の時刻で一時停止する，といったビデオプレイヤーのようなインタラクションも重要となる．

また，動的なデータの中にはリアルタイムなデータも含まれる。このようなデータを可視化する際には，ストリーミングデータとして逐次的なデータの変化を入力するようなシステム構成が重要となる。日常業務において，このようなリアルタイムなデータを1日中眺めていることは困難である。よって，他の業務を消化しながらときどき可視化画面に目をやる，といった業務スタイルでの利用が考えられる。そこで，このようなスタイルでの利用であっても重要な情報を逃さずに発見できるようにするためのインタラクションが重要となる。あるいは，重要な現象が生じているときには，ブザーを鳴らす，バイブレーション機能を起動する，といったように聴覚・触覚などにも訴えてリアルタイムに注意を促すマルチモーダルなインタラクションが有効な場合もある。

（2）**解明・操作** 情報可視化を用いて問題解明やデータ操作に従事する際に，可視化画面を用いて対話的に情報を探索することが重要となる。情報を対話的に探索するという問題はデータベースの研究開発においても旧来からの課題である。例えば，OLAP（on line analytical processing）はデータの特定部分を探索的に探すための枠組みとして旧来から知られている。このOLAPのためのインタラクション手法としての情報可視化に限らず，データベースとの連携を意識した情報可視化システムがいくつか発表されている[39]。

また，解明・操作の工程は遠隔地にいる複数の専門家での共同作業となることも多い。遠隔地にいる複数のユーザで共同作業をする「協調処理システム」の開発は可視化に限らず情報技術の重要かつ汎用的な課題であるが，情報可視化においても協調処理システムの開発は活発に進められている[40]。協調処理を前提とした情報可視化システムを構築する上で重要な点として，例えば以下があげられる。

- 汎用的に普及したグラフィックス表示環境での可視化画面の表示。例えば，ウェブブラウザ上での実装が考えられる。
- 複数の端末に共通の可視化結果を確実にかつ高速に転送するシステム構成。例えば，図3.4における「構造化」，「視覚要素への変換」までを共通サーバで実行し，図形や色などの視覚要素だけを各端末に転送する，と

いった実装が考えられる。
- 操作手順を他の端末と共有する技術。例えば，キーボード，マウス，タッチパネルなどの動作を瞬時にサーバに転送し，他の端末にも転送する，といったことが必要となる。

（3）報　　告　　情報可視化は機密性や緊急性の高い専門業務のツールとして開発が進んでいる，という点を 1 章にて述べた。一方で，情報可視化は「データ領域の専門家でない人が関与するデータ」，「データ領域の専門家でない人が興味をもつデータ」を扱うツールとしても有効なはずである。この観点から近年では，対象データ領域に興味をもつ非専門家への説明手段としても情報可視化の研究が進んでいる。いい換えれば情報可視化はデータジャーナリズムの手段としても研究が進んでいる。

近年の情報可視化の学術会議では narrative visualization[41] あるいは visual storytelling というキーワードが流行している†。データの時間変化をアニメーションで見せる，ユーザ操作によるデータ探索工程を段階的に見せる，といった形で可視化による知識獲得を物語風に見せる技術を指す。これを普及させるためには例えば

- 制作側：非専門家を含めた幅広い閲覧者層にデータを見せるためのオーサリングツールとしてのインタラクション機能を搭載する
- 閲覧側：広く普及したプラットフォーム（例えばウェブブラウザ）に一般的に搭載されている操作機能を前提としたインタラクションを設計する

といった点がさらに議論される必要がある。

3.2　情報可視化結果の評価

情報可視化のヒューマンファクタにおいて，操作性と並ぶ重要な点に視認性，

---

† 例えば，国際会議 IEEE Pacific Visualization Symposium 2017 のウェブサイトでは Storytelling Contest への投稿ビデオが公開されている。
http://pacificvis.snu.ac.kr/programs 参照。

可読性があげられる．視認性，可読性の高い情報可視化手法を確立するための一手段として，可視化結果を評価し，より評価の高い可視化結果を目指すことが考えられる．本節では情報可視化結果の評価について，多くの研究者によってとられているアプローチの例を紹介し，それらを一般的な実験的評価指標と照合する．

3.2.1 評価手法の分類

本節では情報可視化の評価手法を，筆者自身の経験も交えながら，定量評価，被験者実験，主観評価，評論の四つに分類して議論する．

（1）定量評価 被験者をまったく介さずに計算機のみで評価値を算出する評価手法．計算時間やメモリ使用量といった汎用的な性能評価に加えて，画面上のデザイン結果を定量的に評価する基準として，例えば以下のような評価基準が報告されている．

個体の距離性保存：例えば，多次元データやネットワークデータを構成する任意の 2 個体間の距離が入力情報として与えられているとする．このデータを散布図やネットワーク可視化手法で可視化したときに，画面上の任意の 2 個体間の距離が入力情報としての 2 個体間の距離をどの程度保存しているかを評価基準とする．

画面分割結果：空間充填型の階層型データ可視化では，空間分割結果となる各領域の形状，どの視覚要素にも埋められていない空領域の面積，などを評価基準として利用できる．

線分の長さや交差：多次元データ可視化における平行座標系や，ノード・リンク型の階層型データ可視化，また，ネットワーク可視化などでは，線分の長さ，交点数，交点における角度分布などが定量評価基準として頻繁に用いられる．

筆者がネットワークデータ可視化手法[36]を開発した際に採用した定量評価について紹介する．この定量評価では「エッジの交差総数」，「エッジの平均長」，「共通属性を持った（＝同じ色で塗られた）ノード間の平均距離」という 3 種類の評価値が用いられた．図 3.6 (a), (b) は先行手法を模倣した実装による可視

52   3. 情報可視化の操作と評価

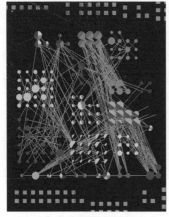
(a) 線分の交差が多い

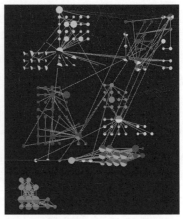
(b) 共通属性を持った(=同じ色で塗られた)ノードの中に画面上で離れて配置されたものがある

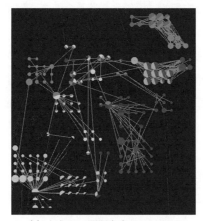
(c) どちらの問題も生じていない

図 3.6　ネットワークデータ可視化における定量的な比較評価

化結果であるが,これらは「エッジの交差総数」あるいは「ノード間の平均距離」において好ましくない数値結果が出ている。図(c)は提案手法による可視化結果であるが,この可視化結果ではどちらの問題も生じていない。このような評価値をもって可視化結果を評価することがしばしば可能である。

続いて,筆者自身が空間充填型の階層型データ可視化手法を開発した際に採

用した定量評価について紹介する。この定量評価では「長方形部分領域の縦横比の平均値・最悪値」,「画面中の空領域の面積比」を含むいくつかの評価値が用いられた。**図 3.7** (a) は先行手法である squarified treemaps[18]による可視化結果であるが，この可視化結果では長方形部分領域の中に細長く歪んだものが散見される。図 (b) は筆者による「平安京ビュー」の前身手法[21]による可視化結果であるが，この可視化結果では画面中の空領域が大きな面積を占めてしまっている。図 (c) は「平安京ビュー」の改良実装[22]による可視化結果であるが，この可視化結果ではどちらの問題も生じていない。このような評価値をもって可視化結果を評価することがしばしば可能である。

(2) 被験者実験 可視化システムを用いた一定のタスクを被験者に与える実験を施し，そこからなんらかの定量的結果を導くことで，可視化システムの効果を検証する，というタイプの評価手法もよく導入される。ここでのタスクには可視化システムごとに多様な手段が考えられる。筆者は例として以下のようなタスクを研究の過程で導入したことがある。

- データ中の特定の現象や個体を可視化システム上で被験者が探し出すまでの所要時間を計測する。
- データ中の特定の現象を可視化システム上で被験者に分析させて回答させ，その正解率を算出する。

また被験者の動き（キーボード，マウス，タッチパネル等の操作，視線移動など）を数量化して評価手段に用いることも考えられる。

多くの場合において被験者実験では，既存のシステムと新しいシステムの両方（または片方）を各被験者に利用させ，そのタスク実行結果を集計して比較するという手段がとられる。

(3) 主 観 評 価 可視化結果を被験者に閲覧させ，あるいは可視化システムを被験者に利用させ，その好ましさを数値等で回答してもらい，それを集計する。ここでいう好ましさとは，単に「操作手順は使いやすいか」,「可視化結果はわかりやすいか」といった単純な指標もあれば，可視化システムの他技術に対する差異を検証するために細かい設問を設ける場合もある。

54　　3. 情報可視化の操作と評価

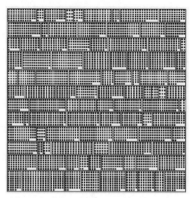

(a) 長方形部分領域の中に細長く歪んだものが散見される

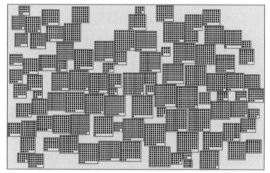

(b) 画面中の空領域が大きな面積を占めている

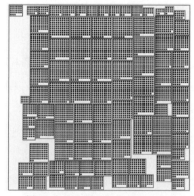

(c) どちらの問題も生じていない

図 3.7　空間充填型の階層型データ可視化における定量的な比較評価

その可視化システムを使ってみてどう感じたかを被験者に自由記述させることもある．この自由記述が定量評価結果や被験者実験結果の根拠の説明になっている場合も多いので，自由記述を求めることは時として重要である．

（4）評論　可視化の対象データが非常に専門性の高いものである場合には，被験者実験や主観評価を実施するだけの専門家の人数を集められない状況，あるいは非専門家による被験者実験や主観評価が意味をなさない状況が起こり得る．このような場合には，可視化システムを専門家に利用させて，その有用性や実用方法を評論してもらう，という形での評価が多くの論文に採用されている．

3.2.2 学術研究としての評価手法分析

情報可視化という技術を学術的観点から眺めた際に，「その技術の正当性をどのように客観評価するのか」という点に疑問をもつ人はいまだに多い．このような指摘を受けるまでもなく，可視化結果の評価は単純な工程ではない．理由として例えば以下が考えられる．

- 定量的に優れている手法が必ずしも視認性に優れているとは限らず，主観評価を考慮することが避けられない．
- 対象となるデータ型やアプリケーションに対する自由度が非常に高く，適用事例ごとに要求がまちまちであるため，ベンチマークデータによる評価結果が参考にならない場合が多い．

以上の背景により現状では，情報可視化の汎用的な評価手段はまだ確立されていない．研究開発成果の多くは，研究開発者自身による個別の手法や基準によって評価されていることが多い．むしろ，情報可視化の評価手段そのものが現在でも重要な学術研究課題であり，国際会議でも評価手法だけでセッションが成立するほど活発に議論されている．

一例としてLamら[42]は，情報可視化手法の評価手段を
- 業務実践結果の理解
- データ分析と意味付けの成果

- 可視化を通したコミュニケーション
- 協調的データ分析の成果
- ユーザパフォーマンス
- ユーザ経験
- アルゴリズム

の7種類に分類し，それぞれについて体系的に目標設定やチェック項目などを議論している。

また，別の例として Plaisant[43] は，情報可視化の評価手段に関する問題を以下の3点

- 現実の利用者，現実のタスク，現実の問題への適合
- 被験者実験の改良
- 環境上の制約や利用者能力上の制約への対応

に分類した。特に「被験者実験の改良」については，「同一データを用いた複数の可視化結果の長期的比較観察」，「未知の知識に関する可視化結果提示後の出題」，「知識発見に本当に貢献しているかの検証」など，具体的な方法論をもっての質的な評価が必要であるとしている。

コーヒーブレイク

情報可視化の論文における評価の統計的有意性

　情報可視化の論文には，被験者実験結果の比較に検定などの統計的手法が採用されている論文と採用されていない論文が混在している。それ以前に，統計的有意性を担保できるだけの被験者数を揃えていない実験結果を載せている論文が多い。可視化手法を評価すること自体に主眼を置いた論文であれば評価結果の信頼性は大変重要であり，統計的有意性を担保できているかが論文掲載の採否を分けることもあり得る。一方で，新しい可視化手法を提案する論文において実行例として被験者実験をする場合には，統計的有意性を担保した実行結果を求められないことが多い。研究者によっては「十分な人数の被験者を揃えることで評価実験に時間を取られるくらいなら，新規性がある手法を開発した時点で1日も早く発表することのほうが重要だ」と主張する人もいる。

3.2.3 一般的な実験的評価指標との照合

情報科学の学術分野において客観評価が難しい分野は情報可視化だけではない。実験的に技術や結果を評価しないといけない学術分野はほかにも多数ある。これらを意識したより一般的な実験評価指標と比較して，情報可視化の評価手法はどのように位置づけられるのかを議論する。

例として，Purchase[44]による実験的評価指標を紹介する。この実験的評価指標はHCIの研究成果をどのように評価しうるかを論じたものである。この中でPurchaseは，performance, preference, perception, process, productという「五つのP」を実験的評価結果として列挙している。これらは情報可視化手法にも広く適用可能な評価基準であると考えられる。

以下，「五つのP」と情報可視化の評価手法との関係について論じる。

performance：一般的には対象技術の性能や成績を指す。計算機科学の一般的な技術評価では，計算時間やメモリ使用量などの性能評価基準を指すことが多い。情報可視化においてはこれに加えて，画面上のデザイン結果を定量的に評価する基準も含まれる。3.2.1項で示した各種の定量評価基準がそのまま「performance」に該当する。

preference：一般的には対象技術の好ましさを指す。情報可視化においては，可視化結果の好ましさに関する主観評価があげられる。具体的には可視化結果を被験者に閲覧させ，あるいは可視化システムを被験者に利用させ，その好ましさを数値で回答してもらい，その平均値や順位を求めることで評価基準となる。

perception：一般的には対象技術が人間にもたらす認知や感性を指す。情報可視化においては，可視化結果からどのような印象をもったか，どのような知識を発見したか，といった点をインタビューなどによって文書化したものが評価の材料となる。

process：一般的には対象技術を人間が利用する過程を指す。情報可視化においては，可視化システムを用いた一定のタスクを被験者に与え，その効果を検証することで，間接的に可視化システムの有用性を検証することが考えられる。

product：一般的には対象技術を人間が利用したことによる制作物や副産物を指す。情報可視化の画面を用いて，データを加工したり，あるいは新しいデータを生成したり，といった工程を含むタスクにおいて，そのデータ処理の質を評価することが考えられる。

視覚特性から考える情報可視化デザイン

　2章ではデータ構造に基づく情報可視化の諸手法を述べ，3章では情報可視化のためのインタラクション手法と評価手法を論じてきた。これらの手法を総合すると，データ構造とタスクが決まれば情報可視化のデザインは一意に定まるかのように思われるかもしれない。しかし現実には，データ構造とタスクだけで情報可視化のデザインが一意に定まることはない。データが与えられたときに，どの変数をどのように表現するかによって，同じデータを同じ技術で表現するにしても視覚的印象や理解しやすさが大きく異なってくる。

　本章では情報可視化のデザインを決定づける「視覚要素」を構成する三つの定義について論じる。また，色を用いた視覚表現に関する注意点，そのほか推奨されない表現の例を論じる。最後に本章では，情報可視化手法の開発において論点となりやすい2次元可視化手法と3次元可視化手法の比較についても考察する。

　なお，情報可視化と視覚特性との関係についてはほかにもいくつかの著書[3, 5]があるので参考までに紹介する。

4.1　視覚要素への変換

　前章では情報可視化の典型的な処理手順を図3.4に図解した。この図に示す処理手順のうち，本章では視覚要素への変換について論じる。

　なお，本章が想定するデータを構成する変数には，以下の3種類の変数があることを想定する。

　数量（quantitative）変数：おもに実数や整数で表現される量。例として点数，金額，位置，温度などがあげられる。

順列(ordinal)変数:おもに順位,順番として表現される量。

分類(categorical)変数:おもに文字列として表現される情報。例として人名,地名,商品名などがあげられる。

4.2 視覚要素を構成する三つの定義

視覚要素への変換において考慮すべき三つの定義を以下に列挙する。

空間定義:画面上に描かれる仮想的な物理空間を構成する各次元の定義。情報可視化が対象とするデータは物理的な位置情報をもたないことが多い。このような場合では,仮想的な物理空間上の位置にどのような意味を持たせるかを開発者が定義する必要がある。データを構成する一変数が仮想空間の一軸に割り当てられることが多い。

図形要素:点,線,面,立体などが該当する。線は直線だけでなく,2点を連結する線分,3点以上から定義される曲線なども含む。面は多くの場合において,複数の線で囲まれた平面図形(または曲面図形)を指す。立体は多くの場合において,複数の平面図形や曲面図形に囲まれた体積有限の領域を指す[†]。

視覚属性:図形要素に割り当てられる属性。大きさ,形状,回転角,色,模様などが該当する。

Clevelandら[45]は空間定義,図形要素,視覚属性をどのように割り当てることで数量変数を正確に読めるか,という認知実験を実施した。結果はおおむね図 4.1 のようになった。この結果から,最も正確に読ませたい数量変数を空間中の座標値に割り当てることが望ましいと考えられる。

また,Few[46]は数量変数・順列変数・分類変数のおのおのと視覚属性の相性についての実験結果を発表している。この実験結果を要約すると表 4.1 のように表される。

[†] この定義はコンピュータグラフィックスの 3 次元形状モデリングで用いられる一般的な定義と同等であり,描画機能をプログラミングする際の最小形状単位(プリミティブ)としても利用される。

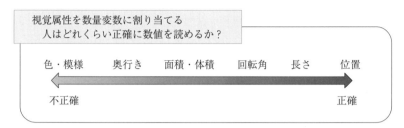

図 4.1 数量変数を割り当てたときの読み取りの正確さに関する実験結果

表 4.1 数量変数を割り当てたときの読み取りの正確さに関する実験結果

	色相	明度	回転	長さ	太さ	面積	形状	位置	奥行
数量	×	△	△	○	△	△	×	○	×
順列	×	○	△	△	△	△	×	○	×
分類	○	×	×	×	×	×	○	△	×

○：正確に値を読める
△：正確ではないがおおむね値を読める
×：正確に値を読めない，あるいはまったく向いていない

4.3 色を用いた変数表現

　視覚属性の中で色は特に注意が必要とされている。さまざまな色覚保持者を含む幅広い閲覧者層に配慮すべき場面では，色を用いないと数量を表現できないようなデザインは避けるべきである。また，色覚は文化・民族・時代・心理などのさまざまな要因に影響を受ける点にも注意が必要である。そのため，可視化での色表現に対して統一見解を確立することは難しい。ここでは，過去の事例を紹介するにとどめる。

　可視化のための色表現についてはいくつかの評価実験研究が知られており，そこから導かれる知見は変数の種類によって異なっている。特に，分類変数は他の変数とは区別して議論する必要がある。

　分類変数の色表現についてのガイドラインの例としてWare[5]の提唱があげ

られる.このガイドラインによると,分類変数の表現にはできるだけ赤・黄・緑・青・黒・白の6色のみを用いるのが望ましく,どうしても色数を増やしたいときにはピンク・茶・シアン・橙・紫などが利用可能であるとされている.

数量変数や順列変数を色で表現する際には,変数値を色に1対1で変換するカラーマップを用意するのが一般的である.情報可視化の多くの実装では,1個の変数値 s から色 C を求める関数 $C = f(s)$[†] を設定し,これによって変数値から色を算出することでカラーマップを実現する.ただし,まれに2個以上の変数値 $s_1, s_2, \ldots$ から色を算出することもある.

図 4.2 はカラーマップの典型例を紹介したものである.最大または最小である値を強調表現したい場合,どの値もある程度まんべんなく表現したい場合,などによってカラーマップの設計指針は変わってくる.

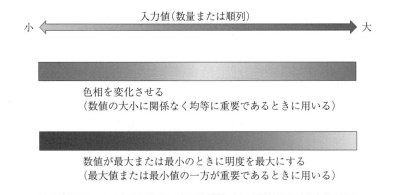

図 4.2 カラーマップの典型例(口絵参照)

なお,カラーマップの実用上の選択については嗜好や習慣に大きく左右する場合がある点に注意されたい.例えば,色相を変化させるレインボーカラーマップについては以前から批判が散見される[47]のに対して,まったく逆にレインボーカラーマップ以外のカラーマップは業務上使ってはいけないと規程されている

[†] 科学系可視化ではこの関数を「伝達関数」(transfer function) と呼ぶことが多い.

現場もある。さらには，レインボーカラーマップはその色彩から連想させる意味（例えば青は冷たい・安全，赤は熱い・危険など）と整合した目的で用いるようにというデザインポリシーを有する現場もある。

4.4 メンタルマップ

メンタルマップとは，自己の経験や知識をもとに脳内に構成した地図を指す。例えば，同一ドメインのウェブサイトではメニューや見出しがすべて同じ位置に統一されているが，日常的に閲覧しているウェブサイトであればそのレイアウトを覚えてメンタルマップが構築されているためにスムーズに閲覧できる。

データ構成要素の画面配置は情報可視化の重要な一工程である。そして，その画面配置結果を頻繁に閲覧するユーザは脳内にメンタルマップを構成するであろう。もし，類似している複数のデータを可視化した結果として，データ間の対応する構成要素（例えば，ネットワーク中の対応するノード）がつねに画面中のまったく異なる位置に配置されていたら，ユーザはメンタルマップを構成することができない。結果としてユーザは，複数のデータから生成される複数の可視化結果を詳細に比較することが難しくなる。このことから情報可視化においてもメンタルマップの考慮[48)]が重要である。

図 4.3 に簡単な例を示す。ここではネットワークを構成するノードが 1 個ずつ追加されたときにノードの位置を再計算することを考える。図 (a) はノードが 1 個ずつ追加されるたびにすべてのノードの位置を最初から再計算している様子をイラスト化したものである。この方法ではノードの位置は毎回大幅に動いてしまうため，メンタルマップを保持するのが難しくなる。それに対して図 (b) はノードが 1 個ずつ追加されても他のノードの位置は固定したものである。この方法のほうがメンタルマップを保持するのは容易である。

ただし，このイラストだけを見ると，視覚要素が追加されても他の視覚要素は固定したままにすれば良いではないか？ と思ってしまうかもしれないが，そうともいい切れない。図 4.4 に簡単な例を示す。例えば，図の上のノード H の

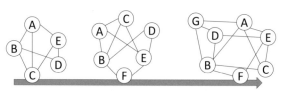

(a) ノードを 1 個追加するたびにノードの位置が大幅に変わってしまうため，メンタルマップの保持が難しい

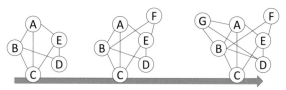

(b) ノードを 1 個追加しても他のノードの位置は変化しないため，メンタルマップの保持が容易である

図 **4.3** ネットワークを構成するノードを 1 個ずつ追加する状況において，メンタルマップの保持の有無を表したイラストの例

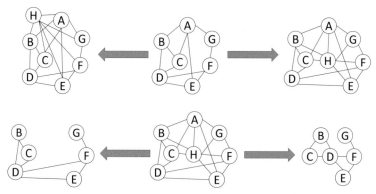

(a) ネットワークを構成するノードを追加 / 削除する状況において，他のノードを固定したままにした配置結果

(b) 一部のノードの位置を調整しながらノードを追加/削除した配置結果

図 **4.4** ノードの追加・削除に伴う他のノードの配置調整の例

ように多数の他のノードと接続されたノードを追加する際には，図の左上に示すように他のノードの位置を固定したまま画面中の空いている位置にノード H を置くよりも，図の右上に示すように他のノードの位置を少しずつ画面領域の外側に移動して画面領域の中央付近にノード H を置いたほうが良好な配置結果が得られる．また，例えば図の下のようにノード A，H を削除する操作があった場合には，図の左下に示すように他のノードの位置を固定したままにするよりも，図の右下に示すように一部のノードを詰めるように再配置したほうが良好な配置結果が得られる．このように，メンタルマップ保持のために視覚要素の位置を安定させる問題と，最適な視覚要素配置を維持する問題は，時として両立の難しい問題ともなり得る．

このような観点から，メンタルマップを保持しながら最適なデータ配置を保持する手法の研究開発は重要な課題となってきた．2 章で紹介した情報可視化手法の中でも，特に以下の工程はメンタルマップを保持できなくなる状況が容易に発生するため，それぞれの手法に対して改良手法が議論されている．

(1) クラスタリング結果の不安定さ　クラスタリングは実装によって，あるいはデータの分布によって不安定な結果を生むことがある．例えば，非階層型クラスタリングの代表例である K-means 法は母点の初期位置によって結果が変わることがある．よって，例えば，母点の初期位置を乱数から求めるような実装であると結果が不安定になる．また，例えば階層型クラスタリングではクラスタ分割のための閾値をわずかに変動させただけで分割結果が大きく変動することがある．また，いずれのクラスタリング手法においても，わずかに差異があるだけのデータにおいてまったく異なるクラスタリング結果がもたらされる可能性がある．

クラスタリングはさまざまな情報可視化手法と関係がある．例えば，木構造やネットワークの可視化において，ノードのクラスタリング結果が異なることによって画面配置結果が大きく異なってくる可能性がある．あるいは，多次元データ可視化のための散布図や平行座標法，時系列データ可視化のための折れ線グラフベース手法などにおいて，クラスタリング結果に基づいて個体を色分

け表示する場合にも，クラスタリング結果が異なることによって可視化結果がもたらす知見が大きく異なってくる可能性がある。

（**2**）**力学指向手法の不安定さ**　　ネットワークデータの可視化では長い間にわたって力学指向手法が用いられてきた。この手法ではノードやエッジに力学を適用することで，ノード間の適切な距離，エッジの適切な長さなどをできるだけ実現するように各ノードの位置を模索する。しかしこの方法では，わずかに力のバランスが変わっただけでもまったく異なる位置にノードがおさまることがある。つまり，わずかに異なるデータにおいてノードの位置がまったく異なるような結果が生じることが起こり得る。このような現象によってユーザがメンタルマップを維持できなくなる状況が起こり得る。

また，力学指向手法の結果はノードの初期位置にも大きく依存する。公開されている力学指向手法のコードの中にはノードの初期位置を乱数から算出している実装もあり，このような場合にはノード配置結果は毎回まったく異なったものになってしまう。

4.5　推奨されない視覚表現

表計算ソフトのグラフ描画機能などを用いた基礎的な可視化処理において，推奨されない視覚表現は多々知られている。表形式データよりも複雑なデータを対象とする情報可視化の技術全般においても，同じ知見は有効であると考えられる。以下に典型的ないくつかの例を述べる。

円グラフ：表 4.1 に示したとおり，回転角は長さに比べて数量変数の読み取りにおいて不利である。いくつかのデータ要素の割合を表現したいのであれば，明らかに円グラフよりも帯グラフのほうが有利である。また，複数のグラフを並べて比較するにも帯グラフのほうが有利である。帯グラフよりも円グラフを積極的に用いることが望ましい場面は限られている。図 **4.5** に帯グラフと円グラフの比較を示す。

絵グラフ：具体的な意味や物体を連想させるアイコン図形のシルエットを棒

グラフや帯グラフの代わりに描画する視覚表現。複数の相似なアイコン図形が用いられていたときに，例えば，長さは2倍だけれど面積は4倍ということになり，どちらをもって数量変数を解釈すればいいのか曖昧になる。図 **4.6** にその例を示す。この例からもわかるように，なんらかの意味を連想させる複雑な

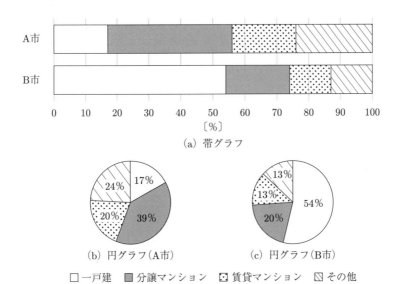

(a) 帯グラフ

(b) 円グラフ(A市)　　(c) 円グラフ(B市)

□ 一戸建　■ 分譲マンション　▨ 賃貸マンション　▨ その他

帯グラフのほうが数量変数の読取りに有利である上に，複数のグラフを並べて比較するのも帯グラフのほうが有利である。

図 **4.5** 帯グラフと円グラフの比較

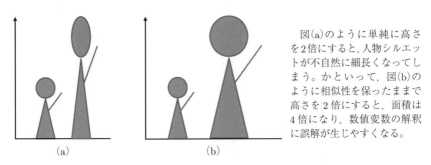

図(a)のように単純に高さを2倍にすると，人物シルエットが不自然に細長くなってしまう。かといって，図(b)のように相似性を保ったままで高さを2倍にすると，面積は4倍になり，数値変数の解釈に誤解が生じやすくなる。

図 **4.6** 棒グラフの棒を人物シルエットの絵で置き換えた簡単な絵グラフの例

図形には，その大きさや長さを誤読しやすい認知傾向がある．よって，正確に数値を読み取ってほしい場面では絵グラフは避けるべきである．

誤読を招く座標軸：棒グラフや折れ線グラフにおいて，座標軸に割り当てられる目盛りが不等間隔になるように値を割り当てるのは，恣意的な印象操作のもととなるので避けるべきである．また棒グラフは一般的に，値の絶対的な大きさを示すために用いるものであり，棒の高さや面積が直接的に値の大小を示すようであるべきである．そのため例えば，棒グラフの下端の値が0でないような座標軸の使い方は避けるべきである．どうしても0でない値を割り当てるとき，あるいは値が飛びぬけているために棒の長さに省略を加える場合には，それが明確に認知できるような描き方をすべきである．さらに，棒グラフの棒や折れ線グラフの折れ線とは無関係なオブジェクトを描画することで目の錯覚を招くような描き方を避けるべきである．

以上のような誤読を招くグラフの典型を図 4.7 に示す．この例では原点がゼロでない値に対応しており，座標軸の目盛りが不均一である．さらに，人物や吹き出しをつけることで，棒グラフが示す値以上に D 社の顧客満足度が高いかのような錯覚を起こしかねない．

順列に意味のない変数を座標軸に割り当てる折れ線グラフ：折れ線グラフは

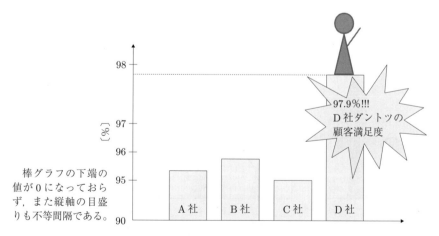

図 4.7　棒グラフにおいて誤読を招く座標軸の例

一般的に，2次元座標系にプロットされた点を線で結ぶことで描かれる。この表現はしばしば，点の位置よりも線分の長さや傾きにユーザの注目を集めることがある。いい換えれば，意味のない隣接関係をもって点群を配置させることで，折れ線グラフが意味のない形状を表現する危険性がある。そのため，一般的に折れ線グラフは，座標軸の一方に順列性のある数値（例えば日時）を割り当てることで，点群の隣接関係に一定の意味を持たせた形式で使用される。

4.6 2次元可視化と3次元可視化

情報可視化手法の大半の手法は，空間定義に2次元座標系を採用した手法と，3次元座標系を採用した手法に2分される。ここでは「2次元可視化」および「3次元可視化」と呼ぶことにする。

情報可視化において「2次元可視化は3次元可視化に比べて無難」と考える人は少なくない。解説書における端的な表現の例として「3D グラフを利用するのは，インタラクティブかつ任意に 3D オブジェクトを操作できる場合にのみ限定すべき」[6]という記述が見られる。いい換えれば，3次元 CG 技術を情報可視化に適用する際にはいくつかの本質的な危険性に注意する必要がある。以下にそれを列挙する。

立体感が与える誤読の可能性：前節の「絵グラフ」の項でも述べたとおり，必要最小限以上の情報量を有する複雑な図形には，その大きさや長さを誤読しやすい認知傾向がある。例えば円グラフや棒グラフをとっても，単に立体化されただけで各データ要素の大きさや角度を誤読する可能性がある。例えば，図 **4.8** (a) に示す 3D 円グラフにおいて，A と C，B と E はそれぞれ中心角が同一であるが，この円グラフからそのような印象は伝わりにくい。この例は3次元表示の典型的な危険性を表している。

遮蔽による見落とし：3次元空間の表示における本質的な問題点として，手前の物体で奥の物体が遮蔽されるという点がある。これに気がつかなかったために情報の一部を読み落とす，というリスクがあることをつねに注意する必要

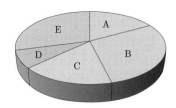
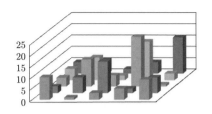

(a) 3D 円グラフは中心角の読み取りを誤りやすい．この例で A と C, B と E はそれぞれ中心角が同一であるが，そのような印象は伝わりにくい．

(b) 3D 棒グラフでは遮蔽が容易に生じるため，それによる情報の見落としが問題となるようなデータには適用すべきではない．

図 4.8　情報可視化において 3 次元オブジェクトがもたらす危険性を示した簡単な例

がある．例えば，図 4.8 (b) に示す 3D 棒グラフはいろいろなメディアで見かけることがあるが，棒の遮蔽が容易に生じるため，それによる情報の見落としが問題となるようなデータには適用すべきではない．

透視投影がもたらす認知誤差：視点に近い物体は大きく見え，視点から遠い物体は小さく見える，という効果を表現するために 3 次元 CG では「透視投影（perspective projection）」という手法が多用される．しかし透視投影を情報可視化に適用することで，その効果が災いして，逆に物体の奥行方向の位置，あるいは奥行きの異なる物体間の大小関係などを読み取りにくくする可能性がある．

図 4.9 (a) は 3 個の楕円球を 3 次元空間に配置して透視投影で描画した状態を示したイラストである．奥行方向の位置が異なる楕円球の大きさや幅を適切に比較するのは難しいことがわかる．このような視覚認知は現実世界でも起こり得ることでもある．例として，図 (b) の 3 個のグラスの容量がどのくらい異なるかを正しく目視することは難しい．

操作の難解さ：現在の大半のディスプレイは 2 次元画像を想定しており，また，日常的に用いるマウスやタッチパネルなどのポインティングデバイスは 2 次元座標値を扱っている．これによって 3 次元空間を操作するには一定の素養または訓練が必要である．3 次元可視化を採用するのであれば，その操作を訓練をするだけのメリットやモチベーションを維持できるような状況が必要である．

4.6 2次元可視化と3次元可視化

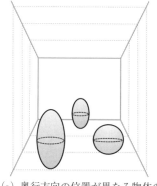
(a) 奥行方向の位置が異なる物体の大小比較は難しい

(b) グラスの容量を正しく認識しにくい例

図 4.9 透視投影がもたらす認知誤差

紙や静止画で配布する可能性：情報可視化の現在の用途には「紙や静止画像による配布」が非常に多い．仮に3次元空間の操作が容易によって遮蔽や透視投影の問題が解決可能になったとしても，紙や静止画像で配布されてしまってはその解決手段を適用することができない．

以上の問題点の大きさはデータの性質によって異なってくる．仮に，可視化の対象となるデータを

(a) 空間情報や位置情報をもたない抽象度の高いデータ
(b) 2次元の位置情報（例えば緯度と経度）をもつデータ
(c) 3次元の空間情報や形状情報をもつデータ

に分類したとする．この3種類のデータにおいて，3次元可視化を適用する意義は大きく異なる．特に（a）のデータについては，現在研究開発されている可視化手法には2次元可視化のほうが多い．むしろ（a）のデータに3次元可視化を適用したとしても，人によってはそのメリットよりも問題点のほうが大きいと感じてしまうかもしれない．

逆に（c）のデータを対象とする場合，3次元可視化を適用するのはむしろ当然であるように思われる．しかし現実には例えば，工業製品やエンタテインメントキャラクターのデザイナーがあえて三面図などの2次元的な描画環境を用

いる機会もある。また，3次元流体力学の研究者が現在でも断面（平面）上で流体現象を観察する機会もある。いい換えれば，3次元空間を対象とするデータの可視化でさえ，2次元の可視化手法を選ぶことは珍しくない。

一方で，上述の議論はあくまでも「現状の技術レベル・現状のユーザシナリオ」において，「2次元可視化のほうが問題が少なく無難な場合が多い」といっているに過ぎない。例えば，3次元ディスプレイや3次元ポインティングデバイスが日常的に使用される未来が訪れれば，操作上の問題点は解決されるかもしれない。あるいは，例えば3次元可視化における視点設定や視覚属性を自動的に最適化する手法が普及すれば，紙や静止画像で配布する際の問題も緩和されるかもしれない。以上を考えると，むしろ研究課題としての3次元可視化はまだまだ検討の余地があると考えられる。8.2節で後述する immersive visualization はこの研究課題にも対応づけられる。

2次元可視化と3次元可視化の比較は研究課題としても依然として興味深い。例えば Amini ら[49]は，地図上の移動体経路の可視化というタスクを題材として2次元可視化と3次元可視化を比較実験し，3次元可視化のほうがユーザ操作所要時間とユーザ理解度の両面においていくつかの項目で優れていたことを示している。

情報可視化の適用事例

　情報可視化の歴史は情報技術自体の歴史と深く結びついている。新しい計算機システムが生まれると，その計算機システムの運用上の挙動や課題を解明するために情報可視化の適用が試みられてきた。新しいデータが集まると，そのデータを分析するための道具として情報可視化の適用が試みられてきた。つまり，情報可視化の歴史は情報技術の歴史を映す鏡でもある。

　2章では情報可視化の汎用的な描画手法をデータ構造別に紹介し，3章では情報可視化の汎用的なインタラクション手法を紹介した。これらの汎用的な手法とはまったく逆に，特定のアプリケーション分野のために開発された情報可視化システムも多数存在する。例えば，「ソーシャルメディアを可視化する」という課題があったとしよう。この最終目的がソーシャルメディアという特定のアプリケーション分野であるとしたら，そこに適用される可視化技術はその一手段にすぎないかもしれない。逆にソーシャルメディアに限定しない汎用的な可視化手法を開発することが目的だとしたら，ソーシャルメディアは例題という名の手段にすぎないかもしれない。これまでの情報可視化の研究開発にはこの2種類の考え方が同時に発展してきた。いうなれば，情報可視化は手段と目的が正反対となる2種類のアプローチによって発展してきたともいえる[†]。

　本章では，情報可視化が活発に適用されてきたいくつかのアプリケーション分野を紹介し，情報技術自体の発展との関連性についても考察する。

[†] 情報可視化の著名な国際会議でも，半分近くのセッションにはデータ構造や操作手法に由来したセッション名がつけられ，残りの半分近くのセッションにはアプリケーション分野に由来したセッション名がつけられる，というのがごく普通の状況である。

5.1 ウェブ・ソーシャルメディア

情報可視化の名前を冠した最初の学術国際会議（IEEE Symposium on Information Visualization）が創立した1995年は，ちょうどインターネットが商用化された年と同じである．この年を境にウェブの公開者数・閲覧者数はともに爆発的な増加を遂げた．そしてウェブは当時の情報可視化技術を代表するアプリケーション分野となった．

1章でも述べたとおり，1990年代の情報可視化の研究は個人の情報探索環境に関する手法が多かった．それに同調するように，ウェブの情報可視化に関する黎明期の研究も，単一のウェブサイトのリンク構造をサイトマップ風に表示する手法，一人のユーザのアクセス履歴を構造化して表示する手法，単一の検索ワードによるウェブの検索結果の構成などを可視化する手法などが多かった．

それに対して2000年以降には，もっと大きな括りでウェブの情報を可視化することで，インターネット上の大きなコミュニティの発見を支援する手法や，大きなウェブサイトへのアクセスに関する統計的傾向を可視化する手法が発表されてきた．

ウェブの可視化はその後，学術的にはいったん一段落したかのように見えたが，2005年頃からは，マイクロブログやソーシャルネットワークから得られるオープンな構造や集合知を可視化する手段として，再び脚光を浴びている．ウェブのページを単位とした可視化と，ソーシャルネットワークのユーザを単位とした可視化には，ネットワーク全体のスケールフリー性，コミュニティ発見や中心性（centrality）解析などの分析手法，べき乗則に代表されるいくつかの数理的傾向などの面で共通項がある．加えてソーシャルネットワークには，情報の時系列性や地理属性などにも深い意味がある場合が多く，より多彩な可視化手法の適用の可能性が考えられる．よってソーシャルネットワークの可視化は，ウェブの可視化における課題のいくつかを継承しつつ，さらに発展性の高い課題として多くの研究者に注目されている．

図 5.1 は Twitter のアカウント間の友人関係をネットワークで表現した可視化の例[25]である。楕円で囲ったそれぞれの部位では，有名な一人の Twitter アカウントを多数のファンがフォローしており，ファンの群れが大きな円形のクラスタとして描画されている。

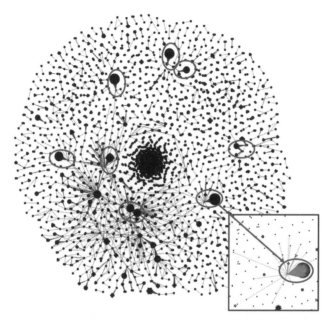

図 5.1 Twitter の友人関係をネットワークで表現した可視化の例

5.2 自然言語処理技術との連携

情報可視化の学術的黎明期である 1990 年代は，データマイニングや自然言語処理技術の発展が脚光を浴びた時代でもあった。特に文書から知見を抽出するテキストマイニングを活用することにより，文書群を題材とした情報可視化手法が多数発表された。

自然言語処理技術との連携による情報可視化手法には，一般利用者にも専門

業務利用者にも利用できる目的で開発されているものが多い。典型的な例として，文書群から抽出された注目単語を画面内に敷き詰める「タグクラウド」という技術は，非常に多くのウェブに活用されて日常的にも馴染み深いものになっている上に，専門業務として社会動向や技術動向などを分析するツールとしても適用されている。また注目単語の変遷を追跡することにより，文書群から発見されるトレンドの時間変化を表現する可視化手法が多く発表されている。これも社会動向や技術動向の分析業務として活用可能なだけでなく，一般利用者に情報をわかりやすく提示するインフォグラフィックスの一種としても活用可能である。

また，自然言語処理の性能を高めるために可視化を適用することも考えられる。一例としてEl-Assadyら[50]は，自然言語処理の重要な技術であるトピックモデル分析のためのパラメータ学習過程を可視化している。

一方で，5.1節で紹介したウェブ・ソーシャルメディアの可視化にも，自然言語処理は深く適用されている。ウェブページ群やソーシャルメディアユーザ群を可視化する際に，その接続構造や更新履歴などを参照するだけでなく，中身となる文章を解析することで，有用な情報を引き出した上でそのデータを可視化することが可能になる。

図 **5.2** はソーシャルメディアから抽出した重要単語群を地理情報に対応づけ

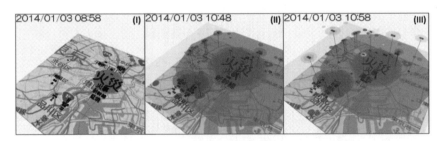

図 **5.2** Twitterから抽出された重要単語群を「多層地理空間ワードクラウド」という形で表示することによりイベント変遷を可視化した例（提供：東京大学生産技術研究所／情報通信研究機構統合ビッグデータ研究センター　伊藤正彦氏）

て可視化した例[51]である。この例では Twitter から抽出される位置情報付きツイートから，局所的にかつ急激に高い頻度で出現する重要単語群を抽出し，「多層地理空間ワードクラウド」という形で表示している。これにより，特定の日時に特定の地域で急激に高い頻度で出現した単語群が表現する「イベント」の時間的変遷を効果的に可視化することができる。

なお，テキスト情報を対象とした可視化に関する研究成果は Text Visualization Browser† というサーベイサイトにも多数紹介されているので，必要に応じて参照していただきたい。

5.3 計算機リソース管理

情報可視化の研究において初期段階から専門業務目的で発達した分野として，計算機システム管理目的の情報可視化があげられる。

情報可視化の学術的黎明期である 1990 年代には，インターネットの商用化に伴いネットワークのバックボーンが世界的に充実した経緯があった。このネットワーク接続経路の構造や流量を可視化する，という試みが学術的にも産業的にも流行した。

また，情報可視化が計算機システム管理に貢献可能な別の例として，高性能計算環境におけるソフトウェア実行状況やリソース活用状況のリアルタイム監視があげられる。情報可視化を用いることで，例えばスーパーコンピュータ上で実行される大規模計算において，どこが性能上のボトルネックになっているか，といった点をリアルタイムに観察できる。あるいは，クラウドコンピューティングをはじめとする近年の分散計算環境において，リソースが最適に（例えば均等に）活用されているか，といった点をリアルタイムに観察することができる。

もっと細かい粒度でのソフトウェア情報可視化として，プログラムの開発過程や保守過程の進捗状況の可視化，また，ソフトウェア実行状況の可視化など

---

† http://textvis.lnu.se/

があげられる．1990年代はJava言語をはじめとするオブジェクト指向言語の普及が進み，オブジェクト指向で開発されたソフトウェアが旧来のシステムを大きく塗り替えた時代でもあった．そこで，オブジェクト指向ソフトウェアを構成するクラスやパッケージを単位として，その開発状況や実行状況を可視化するソフトウェアツールの開発が試みられてきた．

なお，計算機およびソフトウェアの性能・管理を目的とした可視化に関する研究成果はPerformance Visualization[†]というサーベイサイトにも多数紹介されているので，必要に応じて参照していただきたい．

5.4 セキュリティ

1章でも論じたとおり，情報可視化の研究は21世紀に入ってからいくつかの専門業務を主たるターゲットとするようになった．その大きな一つが計算機セキュリティである．2001年のアメリカ同時多発テロ以降，おもに欧米では国防の目的で計算機セキュリティの研究開発に投資を進めるようになり，情報可視化の研究もその一部として大きく投資されるようになった．特に，計算機ネットワークのログに残された情報を可視化することでネットワークへの攻撃や不正侵入を監視する手法は多数発表されており，そのうちのいくつかは実際に不正侵入の手口を解明するために貢献している．

計算機セキュリティの情報可視化にはいくつかの点で特有の難しさがある．まず，データ全体のうち本当に不正や攻撃に関係ある情報はごく一部であり，不正検出や攻撃検出のために見逃してはならない情報が埋もれやすいという点がある．続いて，計算機上での不正や攻撃で最も脅威的な手口は前例のない手口であることが多いという点がある．昨今の機械学習技術の進歩により，悪意的な行動を事前に検出する技術の開発は進んできたが，それがどのように怪しいのか，どのように事前対策を練るべきなのか，といった点には依然として人間の判断を要する現場が多い．その判断のために適切な情報を提示する道具と

[†] http://hdc.cs.arizona.edu/mamba_home/~kisaacs/STAR/

して，情報可視化の適用が有効であると考えられる．なお，計算機上での不正や攻撃には瞬時の対策が必要な場面も多く，結果としてそのための情報可視化技術にも一層のリアルタイム性が求められることが多い．

図 5.3 は特定ドメインに分布する計算機攻撃の可視化の例[22)]である．この可視化では，特定ドメインに接続された計算機を IP アドレスで分類し，3 次元の棒グラフ群で表示する．このとき，攻撃アクセスを送信している計算機を青い棒で，攻撃アクセスを受信している計算機を赤い棒で表現することで，特定ドメインに分布する攻撃アクセスを可視化する．

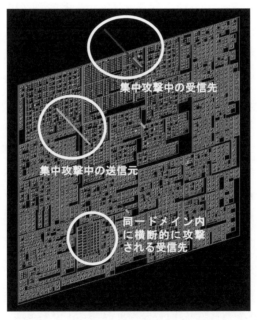

図 5.3 特定ドメインに分布する計算機攻撃の可視化（口絵参照）

なお，計算機ネットワーク以外のセキュリティ目的においても，同じように情報可視化は有効に活用し得る場合がある．一例として，クレジットカードの決済ログに残された情報を可視化することで不正決済の手口を観察する，という金融セキュリティの目的でも情報可視化は有効である．なお，計算機以外のセキュリティ情報においても，「見逃してはならない情報が埋もれやすい」，「脅

威的な手口には前例のない手口が多い」という点がまったく同様に課題となることが多い。

5.5 生 命 情 報

　生命情報は21世紀に入って急成長を遂げた学術分野であり，情報可視化の研究に大きく影響を与えた学術分野でもある．人間の遺伝子の塩基配列を解読する「ヒトゲノム計画」は2003年に完了したといわれているが，これは単に遺伝子の並び順が解読されただけで，その具体的な意味や機能の解明を完了したわけではない．生命分析のための入力データが完成したに過ぎず，むしろこれが新たな研究の開始点だったという考え方もある．そこで，遺伝子の塩基配列を分析する研究と並行して，遺伝子の発現や相互作用といった各種実験結果に関する可視化技術の研究が多く発表された．

　遺伝子の発現量データでは多くの場合において，さまざまな設定条件における実験値が記録されている．例えば，n種類の遺伝子のおのおのにm種類の発現量が記録されているとしたら，n個の個体で構成されるm次元データとして可視化することができる．遺伝子解析に関する多くのソフトウェアでは，この情報を2.3節で紹介したヒートマップで表示する機能をサポートしている．この表示により，例えば，遺伝子Aからどのように遺伝子Bが派生したと推察されるか，あるいは生物Xと生物Yは遺伝子学的になにが類似していてなにが異なるか，といった点を考察できる．あるいは，遺伝子Aと遺伝子Bの発現量の類似性から例えば，遺伝子Aに効く薬品が遺伝子Bにも効いてしまうために副作用の可能性が生じるかもしれない，といった予測のための参考資料にすることもできる．

　また，遺伝子には相互作用という関係があり，ある遺伝子と別の遺伝子が同時に作用することで生物の機能につながる現象が多く発見されている．おのおのの遺伝子をノードと考えたときに，この相互作用で遺伝子間を直接連結することで，遺伝子の無向ネットワークを構成することもできる．また，遺伝子の

相互作用などによって生じる遺伝子間の制御の経路（パスウェイ）から，遺伝子の有向ネットワークを構成することもできる．これらのネットワークの可視化も，生命情報の可視化における重要な課題となる．図 5.4 は，多数の遺伝子を相互作用に基づいてエッジで連結してできるネットワークを可視化した例である．この例では，遺伝子の機能や構造を説明する「注釈」が遺伝子学オントロジー（概念体系）に沿って定義されており，この定義に沿って各遺伝子に付与された注釈を用いて遺伝子が分類されている．

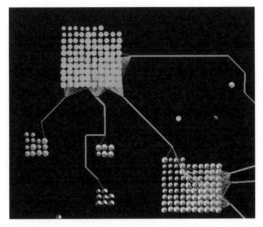

図 5.4　遺伝子ネットワークの可視化の例
（制作：中澤里奈氏）

生命情報の可視化の面白い点は，物理空間を対象とした課題と，対象データ固有の空間での課題が混在しているという点にある．そのため，生命情報の可視化ではしばしば，科学系可視化と情報可視化が混在して適用されている．例えば，蛋白質の構造の研究には物理空間を対象とした可視化が多用され，遺伝子の実験結果には情報可視化が多用されている．一方で，もっと大きな単位である細胞，組織，器官などは，物理空間を対象とした可視化が多用されている．このようなマルチスケールな情報の可視化こそ，生命情報の可視化システム構築における大きな課題であり，また，醍醐味でもあるといえる．

なお，生命情報の可視化に関する研究成果は BioVis Explorer[†] というサーベイサイトにも多数紹介されているので，必要に応じて参照していただきたい。

5.6 地理情報・センシング情報との連携

物理空間上で計測・記録されたデータも情報可視化のための興味深い題材である。気象，海洋，地震などの地学的なデータ，人工衛星等による遠隔撮影情報，GPS や非接触タグなどによる移動情報，ビデオカメラによる撮影情報などがこれに該当する。これらのデータは多くの場合において，時刻，位置（おもに緯度と経度），物理量などで構成される多次元かつ複合的な構造を有しており，どんな知識を抽出したいかによって多彩な可視化手法が適用可能となる。

位置情報をベースにした可視化の面白い点は，地図や地形図といった物理空間上の静的な情報の上に，時系列データなどの動的な情報を重ねるようにして可視化する必要がある点である。静的な情報と動的な情報の両者を効果的に可視化するためには，1 画面内の情報量の調節や，画面配置の工夫など，さまざまな技術的課題を解く必要がある。あるいは，複数の可視化画面をどのように組み合わせて連携させるか，といったシステム設計も重要になる。

センシング情報を入力データとした可視化の難しい点の一つに，データが際限なく蓄積され続け，しかも新しい知見を得られる部分はデータ全体のごく一部にすぎない，という点にある。さらに，データに誤差や欠損が含まれる可能性が非常に高い。そのため，なんらかの分析的な前処理によってデータを補正し選択しながら可視化を進めることが重要である。一方で，データ中に異常値が混じっていたときに，それが本当に異常値なのか，単なる誤測定や欠損なのか，機械的に判断することが難しい場合も多くある。このような場合にこそ，可視化によって人間がデータの意味を理解することが重要な意義をもつ。

図 **5.5** は展示会場での長時間ビデオ撮影から集計した来場者の歩行経路の集計結果を可視化した例である。図 (a) では展示会場の各地点での人数と平均滞

[†] http://biovis.lnu.se/

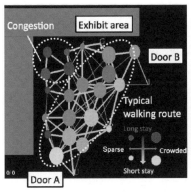 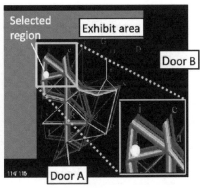

(a) 混雑度と滞在時間の可視化　　(b) 時間別の移動人数の可視化

図 5.5　歩行経路の集計結果の可視化の例
(制作：宮城優里氏) (口絵参照)

在時間を可視化しており，図 (b) では隣接地点間の時間帯別の移動人数を可視化している。

5.7　マルチメディア

「データが際限なく蓄積され続ける」という現象は個人消費者のプラットフォーム上でも現実となっている。デジタルカメラやスマートフォンでの撮影写真はその典型的な例である。日常的に写真を撮影する人であれば，1台のデバイスに数千，数万の写真が蓄積されることは珍しくない。このような大量の写真の構成を概観し，その中から興味ある写真を探す……という工程はまさに，「Overview first, zoom and filter...」という情報可視化の Mantra がそのまま適用可能な工程である。そして同じような状況は写真に限らず，例えば動画，音楽などのコレクションについても同様であり，自分が蓄積したコンテンツを探し出せなくなる，という状況は容易に起こり得る。

また，情報可視化が有用である意外な一面として，普通に鑑賞したのでは時間がかかる作品の中身を概観する，という用途がある。例えば長大な文学作品，

音楽作品,ビデオなどの内容を大雑把に理解したいときには,その概要を一画面で表現できる情報可視化手法が重宝することもあるだろう.

以上の観点から,情報可視化を一般消費者向けに活用してもらいたい最大のアプリケーション分野の一つとしてマルチメディアコンテンツがあげられる.具体的な例として,文学作品やビデオの要約情報を概略的に表示するための可視化手法,音響情報を視覚情報に変換することで音楽の構成や印象を表現するための可視化手法,などが近年になって多数研究されている.図 5.6 はプレイリストを可視化することでモバイル機器上で鑑賞したい音楽を選ばせるための

図 5.6 プレイリストを可視化するモバイル機器上のユーザインタフェース（制作：魚田知美氏）

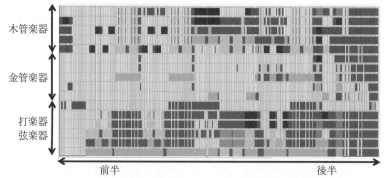

図 5.7 クラシック音楽のオーケストラの総譜（スコア）の情報を概略的に表現する可視化手法（制作：林 亜紀氏,口絵参照）

ユーザインタフェースの例である。**図 5.7** はクラシック音楽のオーケストラの総譜（スコア）の情報を概略的に表現する可視化手法の例である。

5.8 まとめ：可視化する意義があるアプリケーション分野とは

ここまで情報可視化の適用が活発に試みられてきたアプリケーション分野をいくつか紹介してきた。本章のまとめとして，ここまでに紹介したアプリケーション分野を総括して，情報可視化を適用する意義があるアプリケーション分野とはどのような分野なのかを議論する。

（1）対話的に興味深い部位を探す意味のあるデータ　例えば，ウェブやソーシャルメディアの可視化において「コミュニティ発見」は大きな目的の一つである。これは端的にいえば，ネットワークを概観してその中から興味深い部分集合を発見してズームすることに相当する。

また，大量に蓄積されたマルチメディアコンテンツの中から鑑賞したいものを探すという問題においても，ユーザはしばしば，自分が蓄積するコンテンツの一覧をざっと眺め，その中から絞り込むようにして自分の興味あるコンテンツに到達する。

このようなアプリケーション分野こそ，Visual Information Seeking Mantra の一部である「Overview first, zoom and filter...」といった機能が必然的に用いられるアプリケーション分野といえる。

（2）鑑賞するのに時間を要するデータ　情報可視化の大きな威力はデータを概観できる点にある。この効果に最もありがたみがあるアプリケーション分野は「鑑賞するのに時間を要するデータ」であろう。例えば，長大な文章・ビデオ・音楽などにおいて，その構成や要約だけを一瞬で概観したい，といったときに情報可視化は有効であろう。この「時間変化を一目で追う」という特性は，マルチメディアコンテンツに限らず例えば，ソーシャルメディアのユーザ群の行動を観察したい，長期間にわたって記録された計算機リソース情報やセンシング情報の時間変化を追跡したい，といったときにも有効である。

(3) リアルタイム監視の必要があるデータ　例えば大規模な計算機環境にて大規模な計算を実行し，迅速にその結果を得たい状況があったとする．その目的のためには計算機リソースを最大限に有効活用する必要があり，それを阻害する要因が発見されたら瞬時にそれを解決することが望ましい．計算機リソース管理を目的とした情報可視化は，この観点からリアルタイム監視目的での実用を意識して開発されるべきである．

同様なことはセキュリティ目的の可視化にも該当する．計算機システムへの不正侵入にしても，クレジットカードの不正利用にしても，非常に複雑で前例のない手口が短時間のうちに大量に押し寄せることがある．そのような状況において管理者や専門家が適切に状況を把握し，適切な処置を施すための道具になることを目標として情報可視化システムは開発されるべきである．

(4) 人間が意味付けする必要のあるデータ　情報を分析する過程において，そのデータの全体像を専門家が解釈して意味付けする必要がある場面は多く存在する．例えば，大量の文書群から自然言語処理技術によって流行性の高い単語を抽出し，その出現頻度の時間変化を観察したとする．その背景にある社会現象や心理現象を踏まえて，単語出現頻度の時間変化を解釈する，といった場面がある．

あるいは，生命情報系の実験データを複数の場所から集めて統合した際に，その分析結果に不整合があったとしたら，それは新しい知識の発見につながる現象なのか，それとも単に実験の誤差なのか，といった点を専門家が解釈しないといけない状況がある．センシング情報についてもまったく同様に，複数のデータを統合した際の不整合について，あるいはデータの誤差や欠損について，専門家が解釈しないといけない状況がある．

このような状況において情報可視化システムは，データの意味付け (reasoning) を支援する道具として開発されるべきであろう．

(5) 意思決定のために眺めるデータ　多くの専門業務においてデータを理解することはゴールではない．データを理解した上で，そのつぎになにをするべきかを議論し遂行することが期待されているはずである．例えば，計算機

5.8 まとめ：可視化する意義があるアプリケーション分野とは

リソースの稼働状況を可視化したら，その運用状況を改善するためになにをするべきかを議論し遂行することが重要なはずである．例えば，セキュリティ面での攻撃を受けていることがわかったときに，その分布や手口を理解するだけでなく，防御の手段を選択し遂行することが重要である．あるいは，生命情報に代表される自然科学系のデータを可視化してそれを理解したら，つぎにどんな実験やシミュレーションを実行すべきかを議論する機会が多いはずである．

このように，情報可視化はデータを眺めるだけでなく，つぎの業務の意思決定（decision making）につながる知見をもたらすことが重要であり，そのための道具として開発されるべきであろう．

ビッグデータと情報可視化：
人間主体型のデータ分析手法の確立に向けて

　情報処理業界にて「ビッグデータ」という用語が流行して久しい．現代では例えば，世界のすみずみで稼働するセンサ技術の普及，ソーシャルネットワークによるインターネット上の言動などが記録されて膨大なデータとなっている．近年の技術の普及により，データの膨大化はさらに拍車がかかることが予想される．そして，その膨大なデータを解析することの重要性が提唱されたことで，データの膨大さだけでなく，複雑さ，不正確さなどがそれを妨げる要因となることも明らかになっている．

　ビッグデータの解析の難しさはそのまま，情報可視化の主要な課題とも共通している．本章ではまず，ビッグデータに対して情報可視化を適用するための課題と進展として，膨大・高速なデータの可視化，複合的なデータの可視化，不確実なデータの可視化，の 3 点について論じる．続いて，visual analytics という新しいフレームワークを紹介し，ビッグデータの可視化に関する課題をどのように解決可能であるかについて論じる．

6.1　ビッグデータの課題と可視化技術

　ビッグデータという単語は，日常業務に普及した一般的なデータ処理ソフトウェアの能力を超えた容量を有するデータという意味で使われることが多い．2011 年 6 月 27 日に発表された「Gartner Says Solving 'Big Data' Challenge Involves More Than Just Managing Volumes of Data」[†] によると，ビッグデータとはつぎの 3V，具体的には

[†] http://www.gartner.com/newsroom/id/1731916

6.1 ビッグデータの課題と可視化技術

- volume（大きなデータ量）
- velocity（高い入出力速度）
- variety（多彩なデータタイプ）

のいずれかを含むデータであり，これを解析する新しい手法が知識発見や意思決定に貢献できるとされてきた．そしてのちに，この 3V に

- veracity（不正確さ）
- value（価値）

を加えた 5V がビッグデータの重要な要件であるとして再定義された．

　ビッグデータを活用するには高い解析能力が必要であり，その解析の工程自体に意思決定が必要とされることも多い．例えば，データの蓄積速度のほうが解析速度より高いような状況において，データ中のどの部分に着目し，どの部分を集中的に解析するか．あるいは，そのような状況を回避するために，データ中のどの部分について蓄積をやめるか，といった点において意思決定が必要になることがある．この意思決定には人間がデータを理解する必要があり，その道具として情報可視化の有用性が考えられる．

　一方で，上述の 5V で表現される要件はそのまま，情報可視化の主要な課題とも共通する．例えば，1 億件のデータ要素を有する情報を可視化しようにも，そのデータ要素数は一般に普及したディスプレイ装置の画素数を大幅に超えている．さらに，それが 1 秒間に数十回も更新されるようなデータであれば，それに追従できる描画速度で情報を可視化するのも困難である．また，複雑な情報の全貌をたった 1 枚の可視化画面で表現するのが困難な事例，あるいはデータの誤差や欠損が多いためにかえって誤解を招く可視化結果を生む可能性も考えられる．

　本章はこれらの課題に取り組んだ可視化技術の事例を

- 膨大・高速なデータ（volume, velocity）
- 複合的なデータ（variety）
- 不確実なデータ（veracity）

の三つに分類して紹介する．

6.1.1 膨大・高速なデータの可視化

大容量なデータの可視化は，科学系可視化の中でもハイエンドな目的の可視化において旧来から課題となっていた．例えば，万単位の分子を対象とした動力学計算，億単位の細かい立体要素に分割された3次元空間での流体力学計算などを忠実に可視化するには，非常に高精細なディスプレイと高速なグラフィックスシステムを必要とする．また，例えば，これらの計算がリアルタイムに（または時間変化を追って動的に）実施される際には，計算サーバからのデータ転送も膨大な量になる．このような条件設定での大容量なデータの可視化は，ハイエンドな計算サーバ・ネットワーク環境・表示環境を前提として旧来から進められてきた．

一方で情報可視化において，このようなハイエンドなディスプレイとグラフィックスシステムが常備されていることを前提としてシステムを組むことはいままで少なかった．汎用的なディスプレイでの利用を前提とした情報可視化では，どちらかといえば，膨大なデータをどのようにバックエンド処理で咀嚼して，一般的なディスプレイで表現可能なデータ量・データ構造に落とし込む

コーヒーブレイク

ビッグデータの要因

　総務省が2013年に発表した資料[†]によると，データ量の急激な増加をもたらしたおもな要因は非構造データの爆発的増加であり，その中でも特に，ウェブやSNSに書き込まれる文章，ディジタル機器によって記録される音声や動画像，止まることなく記録され続けるセンサデータなどが非構造データの例として示されている．ウェブやSNSへの書き込みは非常に高速であり，音声や動画像は文書やメタデータを含む複合的な情報となり，センサデータは膨大かつ不確実なものである．このことからもビッグデータの要件を表す5Vは現実的なモデルであることがわかる．そして，ウェブやSNS，音声や動画像などのマルチメディアデータ，センサデータはいずれも，本章の後半で紹介するvisual analyticsの主要な題材である．

[†] http://www.soumu.go.jp/johotsusintokei/whitepaper/ja/h25/html/nc113110.html

か，といった点がキーポイントとなっていた．いい換えれば，膨大なデータの可視化においては，一般的なグラフィックス装置の解像度や描画速度に合わせて

- どのようにデータ量を適正化するか
- どのように視認性の高いデータ構造を構築するか

といった点がポイントになる．前者については情報可視化以外のデータ処理技術とも共通する問題点であり，統計的なデータサンプリングによるデータ量最適化を適用することが考えられる．後者については図3.4中の「構造化」をどのように実装するかが重要となる．特にユーザの操作によって構造化を対話的に反復するとなると，対話操作に伴った短時間の間にデータ全体を最初から構造化しなおすのは困難である．そのため，ユーザの興味対象となる部分だけをうまく切り取って構造化をやり直す仕組みが有用となる．本章の後半で紹介するvisual analyticsは，この問題を解決するための有効なフレームワークといえる．

もう一つの課題は，高速に更新されるデータ，あるいはリアルタイムに計算されるデータの可視化である．この課題は大規模かつ時間のかかる流体計算・分子計算などの可視化においてすでに話題となっている．このような随時更新されるデータを対象とした可視化手法を in situ（＝その場での）visualizationと呼ぶ．

情報可視化において特に問題となる点は「データ要素の配置」である．随時更新される多次元データやネットワークデータを可視化する際に，そのたびにデータ要素の配置を計算していたのでは，計算時間が追いつかなくなる場合もある上に，時刻ごとの配置結果が脈絡のないものになってしまう．これによって，ユーザがデータに対して脳内で描くメンタルマップを壊してしまう恐れがあり，ひいてはデータ理解を妨げる可能性がある．それを防ぐためには，逐次的（incremental）なデータ可視化手法を構築することが重要となる．

6.1.2　複合的なデータの可視化

可視化技術が対象とするデータは複合化する傾向にあり，一つの可視化空間

でその全貌を表現するのは困難になっている場合が多い。ここでいう複合的なデータには，例えば以下のようなデータが考えられる。

- 多次元かつ時系列，ネットワークかつ時系列，というように情報可視化が想定する複数のデータ構造を組み合わせたデータ。
- 主として科学系可視化が対象とする物理空間上のデータであり，かつ多次元性や時系列性などを有するデータ。
- 複数のデータソースから得られる情報を統合して形成されるデータ。

このような背景から，2章で説明した linked views に代表されるように，複数の可視化結果を組み合わせてデータを表現する可視化システムの開発が増えている。Kehrer ら[52]はこのような複合的なデータを対象とした可視化システムのサーベイを発表しており，multivis.net というサイトにもその代表的な研究事例を紹介している。

6.1.3 不確実なデータの可視化

情報可視化を含むいくつかの研究業界では一時期，研究に用いるデータを「toy data（実験専用の非現実なデータ）」と呼んでいたことがある。研究に用いるデータには誤差や欠損がなく，このデータを用いて研究成果を実証できたからといってその理論や技術が現実社会のデータに適用できるとは限らない，という状況を皮肉気味に表現した用語である。

現実社会で収集されるデータには往々にして誤差や欠損があり，さらには外れ値が混じっていることもよくある。そこから得られる知見には不確実性（uncertainty）が混じっていることを考慮しないといけない。この問題に対して，数理的に欠損部分を補完したり外れ値を除外する方法はいろいろ知られている。一方で，データ中の局所に誤差・欠損・外れ値が存在していたことをユーザに知らしめることも，時には重要である。このような状況を想定して，データの不確実性に着目した可視化技術が議論されている。

Pang ら[53]は3次元 CG のための点群表面形状，光反射計算結果，人体モーション情報，また流体力学計算結果として得られる流れ場などを例題にして，

誤差を可視化することの重要性を論じている。また Boukhelifa ら[54] は，現実の科学技術データにどのような不確実性があるかを例示し，2009 年当時の可視化技術にはこの不確実性を的確に表現するにはまだ難点が残っていることを指摘している。

6.1.4 ここまでのまとめ

ビッグデータを可視化するために議論すべき点を，「膨大なデータ」，「複合的なデータ」，「不確実なデータ」の三つの観点から論じた。ここから導かれる特に重要な点として以下があげられる。

- 膨大なデータ・高速に更新されるデータを 1 枚のディスプレイに表示可能なコンパクトな情報に変換するための諸技術
- 複合的なデータから複数の可視化手法へのマッピング
- データの不確実性をユーザに気づかせるための描画手法

図 6.1 はこれらの観点を意識して図 3.4 を拡張したものである。

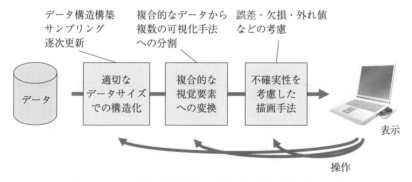

図 6.1　ビッグデータを意識した情報可視化の処理手順の例

6.2　Visual analytics

前節ではビッグデータの特性のうち「膨大さ」，「複雑さ」，「不確実さ」の 3 点に着目し，それらを的確に可視化することの難しさを論じた。

6. ビッグデータと情報可視化:人間主体型のデータ分析手法の確立に向けて

2章で紹介した可視化手法は原則として,入力情報のもつ数値や構造をそのまま色・位置・形状などの視覚要素に変換することで情報の描画を実現してきた。しかしこのような直接的な手段では,膨大・複雑・不確実な情報をユーザが瞬時に理解できるように描画するのは難しくなってきた。そこで,直接的に情報を描画するのではなく,データ分析,対話操作,視覚認知などの各理論を組み合わせ,可視化技術を中心に据えた総合的な視覚的情報分析手法が提案されるようになった。このような考え方を visual analytics と称する。

なお,visual analytics は科学系可視化と情報可視化の両方に適用されるフレームワークであるが,本書では情報可視化への適用を意識して論述する。科学系可視化と情報可視化の両方を想定した visual analytics の取組みについては,筆者自身が別の著書[55]で執筆している。

6.2.1 分析と可視化の反復によるタスク

visual analytics を学術的にけん引した Keim ら[56] は,visual analytics における典型的な反復タスクを図 6.2 のように定義している。これを文章に置き換えると,以下のように表現されると考えられる。

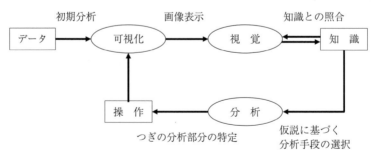

図 6.2 visual analytics の典型的なタスク
(文献 56 中の図を和訳して加工したもの)

1. データに対して初期分析を適用し,その結果を可視化する。
2. 可視化結果に対する視覚認知によって知識を獲得し,また逆に前提知識によって視覚認知を高める。

3. 獲得した知識から仮説をたてて，さらなる探索と分析を進める．
4. 以上の分析結果から可視化の仕様を改め，新しい可視化結果を得る工程に戻る．

またKeimら[57])は，情報可視化におけるVisual Information Seeking Mantraを意識する形で，以下のVisual Analytics Mantraを発表している．

Analyse First – Show the Important –
Zoom, Filter, and Analyse Further–Details on Demand.

読んで字のごとく，まず，データ全体に対する分析結果を可視化することで重要な情報を示した後に，ズームやフィルタを実行し，さらに分析を進めることによって詳細情報を得る，という操作手順がvisual analyticsにおいて重要であるとしている．

6.2.2 分析と可視化の融合による効果

数値や構造を直接的に可視化する黎明期の情報可視化と，事前分析処理を経て得られた情報を可視化するvisual analyticsとでは，その効果にどんな違いがあるのか，簡単な例を示す．

図 **6.3** の上下の可視化結果は，まったく同一のウェブアクセスログファイルを入力として，ウェブサイトのアクセス傾向を可視化した例である．

図 (a) は単純に，ウェブページをそのディレクトリ構造で分類し，個々のページを棒グラフの棒で表し，棒グラフの色と高さでそのアクセス数を表したものである．この可視化結果から視認できる知見はおもに，「どのページに何回アクセスがあったか」，「どのディレクトリにアクセス回数の多いウェブページが集中しているか」といった知見に限定される．それよりも深い知見，例えば「だれがいつウェブページにアクセスしたか」といった情報を読み取ることは困難である．

それに対して図 (b) は，ウェブアクセスログファイルから事前処理としてウェブページのアクセスパターンを抽出する．ここでいうアクセスパターンと

96   6. ビッグデータと情報可視化：人間主体型のデータ分析手法の確立に向けて

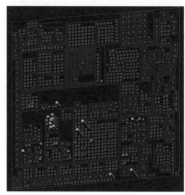

(a) ウェブページを棒グラフで表示し，ウェブサイトのディレクトリ構造を長方形の枠で表示した例

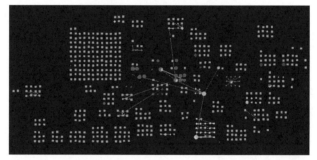

(b) ウェブページを丸いアイコンで表し，アクセスパターンごとに固有の色を与えることで閲覧者のアクセスパターンを表示した例（制作：川本真規子氏）

図 6.3　ウェブサイトのアクセス傾向を可視化した例（口絵参照）

は，例えば「多くの人がこのウェブサイトのトップページから特定のリンクをたどって同一のウェブページ群を閲覧している」という行動パターンを指す。いい換えれば「同一閲覧者が一定時間内に閲覧することの多いウェブページのセット」を抽出したものをここではアクセスパターンと称する。図 (b) では，この処理によって抽出されたパターンごとに固有の色を与えることで，ウェブページを表すアイコンを色分けしている。これにより，ウェブサイトへのアクセスパターンがどのようにウェブサイト上で分布しているか，という一段踏み込んだ知見を提示できている。

このような事前分析結果を組み合わせることにより，可視化結果から複合的な知見を引き出すことが容易となる。visual analytics とは，このような分析手法と可視化手法の組合せを自在にする方法論，と解釈することもできる。

visual analytics による分析手順については，いくつかのビデオが公開されているので参考にするとよい。例として，IEEE VAST Challenge 2011 で公開されたソーシャルメディアデータを分析したビデオ[1] があげられる。このビデオの中で分析者は，マイクロブログの位置情報付き投稿が急増した日について，病院周辺で特定の症状に関する内容の投稿が集中していることを発見している。さらに，市街地の一部では消化器系，別の一部では循環器系の症状が集中していること，それらの各地域で爆発や交通事故が発生しており，その近くではバスケットボールの試合やテクノロジーの展示会が開催されて多数の人が集まっていることを発見している。結論として，これらの事故が故意によるものであり，それによって二つの地域で別々の症状を訴える人が急増したことを示唆している。

また，別の例として，IEEE VAST Challenge 2015 で公開されたアミューズメントパークでの人流データを分析したビデオ[2] があげられる。このビデオの中で分析者は，個人入場者と団体入場者の行動の違い，特定の時間帯における商店での人の流れの違いなどを発見している。さらに，11 時までのショーが終わってからもショー会場に残り，30 分後に他のアトラクション等に立ち寄らずに消えた団体を発見し，15 時のショーの中止とこの団体の不思議な行動との関係性を示唆している。

visual analytics に搭載される理論や技術には非常に多彩なものがあげられる。理論や機械に近い学術分野の例として，科学技術分析，統計分析，地理分析，知識発見，データ管理などがあげられる。また，人間に近い学術分野の例として，対話操作，視覚認知，仮説検証，意思決定支援などがあげられる。

なお，visual analytics の定義における「分析」とは，日本語で「分析」といっ

---

[1] https://www.youtube.com/watch?v=nhoq71gqyXE
[2] https://www.youtube.com/watch?v=oENYm9wXkeM

て連想する範囲よりもかなり広範囲であることに注意されたい．例えば，教師なし機械学習の基礎手法の例ともいえる次元削減やクラスタリング，信号処理における周波数分析やノイズ除去，自然言語処理における頻出単語抽出，画像認識や音声認識における特徴量算出．これらを情報科学の専門家が日本語で「分析」と呼ぶことは少ないかもしれないが，visual analytics ではこれらも「分析」の範疇に含む．

6.2.3 Visual analytics に用いられる分析手法の例

visual analytics に用いられる分析手法にはおもに
- 可視化の対象となるデータ構造に基づく分析手法
- 入力データドメインを対象とした分析手法

があげられる．以下，この二つの観点から visual analytics に適用可能ないくつかの分析手法を列挙する．

多次元データ：2.3 節でも述べたとおり，多次元データの可視化には次元削減，クラスタリング，次元間相関算出といったいくつかの数値処理が適用されることがある．これらの数値処理は必ずしも可視化のための前処理であるとは限らない．可視化した結果からデータの一部を抽出し，抽出した部分を対象として対話的に数値処理を実施し，その結果に基づいて新しい可視化結果を作り……というようにして多次元データから興味深い部分を探索することが容易になる．このような仕組みにより，さまざまな手順で多次元データの分析と可視化を繰り返すことが可能になる．

ネットワークデータ：2.5 節で述べた内容にも関連するが，大規模で複雑なネットワーク構造に対して，大局的な構造を概観する，重要な局所を発見する，といった目的でクラスタリングを事前に適用することが多い．これを適用することで，単に可視化結果の可読性を向上するだけでなく，類似した複数のネットワークに対して共有部分や差異を発見する，多数のネットワークの中から類似度の高い頻出部分ネットワークを発見する，といったことも可能になる．

また最近では，ネットワーク中の個々のノードがデータの中でどれだけ中心

性（centrality）を担っているかを数値評価し，ノード配置の際に中心性の高いノードを優先的に配置する，といった可視化手法も見られる．

接続構造以外の情報がネットワークに付与されている場合には，その情報と接続構造がどのように関係しているかについて分析するのも興味深い．例えば，筆者らのネットワーク可視化の研究[36]では，ノードが有する数値（筆者らの適用事例の場合では遺伝子の発現量）に関するいくつかの条件を設定し，この条件のうち二つを同時に満たす遺伝子群はそれらだけで接続し，他の条件を満たす遺伝子群から孤立している，というような現象を可視化している．このような情報をなんらかの視覚要素（例えばノードの色や形状）で表現することにより，このような情報と接続構造との関係を視認しやすくなる．また，このような情報をクラスタリングや中心性算出に用いることも考えられる．

また，有向ネットワークにおいては，そのエッジを流れるデータの流量を算出し，それを可視化に用いることも考えられる．例えば，流量の大きいエッジに重みを置くことでそのエッジの両端のノードが近くに配置されるようにし，さらにそのエッジを太く表示することで，ネットワーク中で流量の大きい部位における視認性を高める，といったことが考えられる．

以上のような分析手法のイラストを図 **6.4** に示す．

時系列データ：2.6 節にて折れ線グラフベースおよびヒートマップベースの時

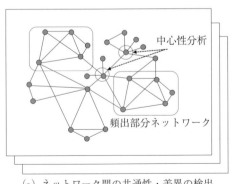
(a) ネットワーク間の共通性・差異の検出

(b) 流量を意識した有向ネットワークのノード配置

図 **6.4** ネットワークデータの可視化のための分析手法の例

系列データ可視化手法を紹介してきた。その多くではデンドログラムなどを採用して，個体間の大局的な類似度に基づいてデータを体系化する。これによりヒートマップベースの手法では類似度で個体を並べ替えることができるし，また，折れ線グラフベースの手法では類似度で個体を分類して色分け表示することができる。

大局的ではなく局所的な類似度に着目することも重要である。時系列データの中から類似部分パターンや頻出部分パターンを検出することで，複数の個体にまたがる共起性や因果関係を発見することが可能である。ここで類似部分の検出において，時刻差や所要時間差などがあるものの，意味として類似しているようなパターンを検出することが重要な場合もある。動的時間伸縮法（dynamic time warping, DTW）がその解法として知られている。また，膨大な時系列データから概略的に類似部分パターンや頻出部分パターンを高速検出するために，時系列データをいったん文字列に変換する SAX（symbolic aggregate approximation）という手法もよく適用されている。

一方で，時系列データによってはその周波数分布を観測することが重要な場合もある。そのため，フーリエ変換や wavelet などの各種手法を施した結果を可視化する場合もある。

以上のような分析手法のイラストを図 **6.5** に示す。

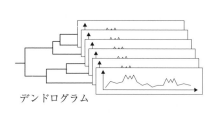
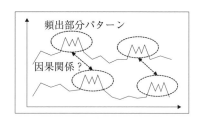

図 **6.5**　時系列データの可視化のための分析手法の例

6.2.4　Visual analytics と適用分野

分析と可視化を繰り返しながら知見を得る visual analytics の方法論にはさまざまな可能性がある。例として

- データが大規模または複合的すぎて，注視に値する部位を見つけるだけでも反復操作が必要な場合
- データ中の不確実性が高く，そこから得られる知見に対して確証を得るためにも多様なステップを踏む必要がある場合
- データ中から導かれる結論を定量的に得ることが難しい場合

といった状況において visual analytics は特に効果があると期待される．以下，visual analytics が有効であると思われる各種の適用分野について論じる．

物理・化学：物理・化学の中でも特に，流体力学，構造力学，分子動力学，原子力工学，宇宙科学，といった分野は旧来から科学系可視化の大きな適用分野であったが，近年では情報可視化が適用される事例も増えている．これらの分野でも最近では，複数の実験結果や計算結果を統合した多変量的なデータが対象となることが多く，しかも実験結果や計測結果にノイズや欠損などの不確実性が高い場合がある．このような問題に対して，対話的かつ反復的に試行錯誤しながら分析を進められる visual analytics は有効である．

医学・薬学・生命科学：医学・薬学・生命科学においても，データの複合性や不確実性は近年の課題になっている．例えば，膨大でかつ，ノイズが混じった生命科学情報からの知見抽出などにおいて，visual analytics のような対話的で反復的な方法論は有効であると考えられる．また，生命科学の分野では特に，蛋白質の立体構造に代表される物理空間の問題と，遺伝子発現量や薬物代謝に代表される多変量空間の問題を同時に解く場合がある．このような場合には，visual analytics が採用する複合的な可視化システムが有効である場合が多い．

環境・防災：環境問題の中でも visual analytics が有効とされる問題には，例えば気象観測のように正確で迅速な予測を最終目的とする分野や，地球温暖化，オゾン層破壊のように問題解決型の分析が必要な分野があげられる．防災問題の中でも visual analytics が有効とされる問題には，洪水，津波，火山，火事，地震，交通事故，公害，疫病など，わずかな予兆から突然の大きな被害に発展する災害問題があげられる．いずれの分野においても，長大な時間，膨大な観測地点数によって蓄積される巨大なデータの中から，ごく一部に潜んでいる重

要な現象を発見し，専門家の知識との総合的な判断によって予測や意思決定につなげる，というプロセスが必要である。

工学：例えば自動車，航空，建築などの設計解析の過程には，往々にして安全性，環境対応，エネルギー効率，費用などの面で複雑なトレードオフが発生する。このトレードオフをバランスよく解決するには，一種の意思決定が必要であり，対話的な visual analytics が有用であると考えられる。さらに，自動車，航空，建築などの製造前の解析過程では，流体力学，構造力学，熱力学など多岐にわたる多次元的な計算結果をすべて確認する必要がある。しかも，設計結果の美しさや好ましさを主観的に判断する必要もあるため，数値だけで解析結果を判断するのではなく，可視化を用いて見た目からも判断する必要がある。これらのためには反復的な分析手法が有用となる。

金融科学：株価や為替の変動，その他金融商品の売行きなど，非常に短時間にかつ，人為的に大きな変動が生じる分野では，リアルタイム性の高い情報提供と意思決定が必要である。それに加えて，専門家の知識やビジネス戦略に基づいた主観的な課題の抽出と，その課題に対するリアルタイム性の高い分析結果の提示が重要となる。以上の観点から，visual analytics が有用であると考えられる。

セキュリティ：visual analytics が欧米諸国を中心に大きく投資されてきた背景に，2001 年のアメリカ同時多発テロ以降の国防目的の取組みがある。この結果として情報セキュリティへの投資が進み，その道具としての visual analytics が発展する動機となった。情報セキュリティには「前例のない事象がつねにやってくる」という点で他の問題にはない難しさがある。その意味で，専門家の勘や経験を交えた対話的かつ反復的な分析過程が意味をもつ。

6.2.5 Visual analytics の課題

2006 年頃から急速に多くの研究者に提唱された visual analytics であるが，その概念はまだ完成されたとはいえないし，また，日常の生活や業務に普及したともいい切れない。Thomas ら[58]は 2009 年時点で，以下の 10 項目を visual analyticsの課題として例示している．

- 人間と情報の対話操作，意思決定のための手軽な操作環境
- 複数の人間による協調的な分析
- 情報の概観に向いた総論的な視覚表現
- 数学的・概念的に正確で，かつ情報の意味をしっかり保持する視覚表現
- データの大規模化とは独立に稼働し続ける頑健な仕組み
- セキュリティやプライバシーと両立する情報共有の仕組み
- 分析基盤環境としてのソフトウェア製品の普及
- 手軽にアプリケーションを開発できるソフトウェアアーキテクチャ
- 使いやすさの評価
- 専門家の育成

一方でWongら[59)]は，以下の項目をvisual analyticsの重要課題としてあげている．

- データの更新や追加に対してその都度（*in situ*）分析を実施するための技術
- インタラクションとユーザインタフェース
- 大規模データの可視化技術
- データベース技術
- データサイズと視認性の両方に着目したアルゴリズムの開発
- データ転送のためのネットワーク基盤技術
- 不確実性を有するデータの数量化
- 並列処理システムの適用
- 開発環境の充実（ライブラリ，フレームワーク，ツール）
- 社会や政治との協力

さらにSunら[60)]は，以下の項目をvisual analyticsの重要課題としてあげている．

- 拡張性（大規模データでの有効性）
- 物語性（分析結果の背後にある意味の説明性）

- 信頼性（不確実性の高いデータに対する有用な知見の発見性）
- 評価（ケーススタディ，専門家による判断など）
- 出自管理（分析過程の追跡可能性）
- 知識発見結果の検証

このように visual analytics には現在も，さまざまな視点からさまざまな課題が例示されている．いい換えれば，visual analytics がターゲットとする大規模で複雑なデータの理解はそれ自体が難易度の高い問題であり，分析手法と可視化手法を組み合わせるというアプローチにはまだまだ解決すべき問題点が多く残されていることを意味する．

6.3 ビッグデータからの意思決定・仮説検証

前節では visual analytics というフレームワークを紹介し，これがビッグデータの分析にも有効であることを示した．visual analytics が定義するタスクが特に有効な状況として，以下のような状況が考えられる．

大規模かつ複雑なデータの効果的な対話探索処理を必要とするとき：3.1 節でも論じたとおり，情報可視化手法のためのさまざまな対話処理技術がすでに議論されている．しかし，大規模かつ複雑なデータにおいては，従来の対話処理技術をそのまま適用するだけでは，思いのままにデータ内部を探索することが難しい．探索の過程においてデータ内部の興味深い部分を特定し，その局所に対して分析処理を適用し，そこから得られた要約的な知見を可視化し，さらにその可視化結果を探索し……という反復によって，より短時間でデータから知識を発見できると考えられる．

複合的な情報が統合された状態での分析を必要とするとき：複数のデータを統合した複合的な情報から解析的に知見を得ることは簡単ではない．一方で，6.1 節でも論じたとおり，複合的なデータを分析するためには linked views をはじめとする複合的な可視化手法が適用されることが多い．例えば，交通量データと購買データを統合したデータがあるとき，時間的特徴から先に注目するか，

空間的特徴から先に注目するか,特定の時間や空間を抽出するか……といった判断が必要なことがある.このとき複合的な可視化結果を駆使して,ユーザが能動的に情報を取捨選択することで,複雑な分析処理を小さな問題に分割して解くことが可能になると考えられる.

問題を明確に定義するのが難しいとき:実社会の問題は必ずしも定式化・定量化できるとは限らない.このような場合にデータ分析過程全体を計算機に任せることは簡単ではない.不確実性の高いデータを対象とした分析がその典型的な例である.あるいは,人間の主観,嗜好,流行が絡む問題が別の意味での典型である.例えば,自動車や衣服の売行きを分析するときに,数値化・数式化された情報だけから売行きの原因を分析することが必ずしも適切とはいえない.その売行きに主観,嗜好,流行が絡むことは容易に予想される.よって例えば,自動車や衣服のデザインを目で確認しながら分析することが効果的である場合も多いであろう.この例に限らず実社会には,人間の目で問題そのものを確認しながら分析する必要がある事例が多数あると考えられる.

仮説を立てながらの反復的な分析を必要とするとき:データに見られる特徴が発生した原因を究明する際に,仮説を立てることが有効な場合もある.上述の自動車や衣服の売行きを例にすると,可視化結果から例えば,「このデザインは昨年の流行だったのでは」,「このデザインは若者にのみ受け入れられたのでは」といった仮説を思いつく状況は容易に想定される.そのような仮説を前提にして分析を進め,それを検証する,といった方法論が有効に働く問題も実社会には多数あると考えられる.

意思決定が必要なとき:分析結果から複数の解が得られることがある.例えば,患者の診断データから複数の治療方法が導かれることがある.あるいは,工業製品の設計分析の結果として最適な設計を一つに絞れない場合も起こり得る.このような状況において一つの結論を選択するために,データを熟知したユーザには意思決定の工程を迫られる.逆にいえば,適切な意思決定のためにはユーザがデータを熟知する必要がある.データを熟知するための手段としても,分析と可視化を繰り返す visual analytics の方法論が有効であると考えら

れる。

　ここまでのまとめ：総じて visual analytics は，人間の判断が中心となってデータ分析を進めるためのフレームワークとなっている。このフレームワークが確立された背景には，データ分析に際して意思決定や仮説検証などの人間主体型のプロセスを重視する先進諸国の姿勢が強く表れていると考えられる。データ分析のあるべき形の一つとして，この姿勢を見習いたいものである。

コーヒーブレイク

意思決定を支援するための可視化デザイン

　visual analytics をはじめとする近年の可視化技術が意思決定をその目的の一つにしているのであれば，当然ながら「意思決定を適切に支援するためには，どのように可視化技術・可視化デザインを選べばいいのか」という疑問が起こるであろう。残念ながら本書執筆時点でこの疑問を解決する汎用的なガイドラインは提唱されておらず，アプリケーション分野ごとに個別に議論されているのが現状である。

　一方で，どのような可視化デザインが意思決定の過程においてどのような影響を与えるか，といった観点からのユーザ実験は近年いくつか報告されている。例えば Cho ら[61]は，複数の画面を組み合わせて構成されるマイクロブログの分析システムを題材として，地図上のビジュアルなアンカーと，時間などの数値アンカーをユーザに積極的に使わせたところ，ビジュアルなアンカーを使うことで意思決定の途中過程に影響が出やすくなり，数値アンカーを使うことで意思決定の結果に影響が出やすくなったことを示している。Dimara ら[62]は多次元データから複数の属性を選択するという意思決定タスクについて，散布図行列，平行座標法，表形式の3種類の可視化手法を被験者に利用させ，そのタスクの所要時間，正確さ，主観評価などを可視化手法間で比較している。

機械学習と情報可視化：
人間と機械の関係を最適化するために

　2015年頃からの人工知能の流行は俗に，「第3次人工知能ブーム」といわれている。特に，深層学習（deep learning）を中心とする機械学習の各種技術は，第3次人工知能ブームのけん引役ともいえるであろう。

　機械学習をはじめとする人工知能技術の発達は，これまで人間が担ってきた仕事の一部をコンピュータやロボットによって自動化する役割につながっていくと考えられる。このことから，人間が自ら情報を観察する可視化技術は人工知能技術とは相反する関係にある，という誤解が聞かれることもある。実際にはまったく逆に，コンピュータやロボットによって機械化される業務と，人間が今後も担い続ける業務は，相補的に共存してこそ互いの能力を発揮できるものであると考えられる。

　機械学習と可視化が相補的に互いの能力を発揮できるとしたら，機械学習を支援するための可視化という使い方もあり得るはずであり，また，可視化を支援するための機械学習という使い方もあり得るはずである。本章では機械学習の性能をユーザ主導で向上させる（または調整する）ための可視化技術，および可視化の工程を支援するための機械学習の使い方について論じる。

7.1　機械学習のための可視化

　本節では機械学習の性能をユーザ主導で向上させるために可視化を用いる試みと展望を論じる。以下，「機械学習『結果』の可視化」，「機械学習『過程』の可視化」に分けて論じる。

7.1.1 機械学習結果の可視化

1.2節で論じたとおり，可視化には概観，解明，操作，報告といった多様な用途が想定される．そして，これらの用途は機械学習の支援にもそのまま通用すると考えられる．機械学習の結果を概観したいとき，なぜその結果が出たのか過程を解明したいとき，思わしくない学習結果を修正操作したいとき，結果を報告したいとき，いろいろな場面において可視化によってそれを支援できるであろう．

ごく単純なイラストで可視化を用いるシナリオの例を示す．図 7.1 (a) は気温から売上を予測する回帰式を求めようとしている例である．このような数値分布を有するデータに対して単純な線形回帰を適用したら，図 (a) の左のような回帰式が算出されるかもしれない．もし分析者が売上の大きい 2 点を異常値と判断してデータから除外したら，回帰式は図 (a) の中央のように大きく変わるであろう．逆にもし，中程度の気温のときに売上が大きくなるのが正当な現象であるとしたら，分析者は非線形回帰を適用して図 (a) の右のような結果を支持するかもしれない．往々にして回帰分析の実用現場において，どのような

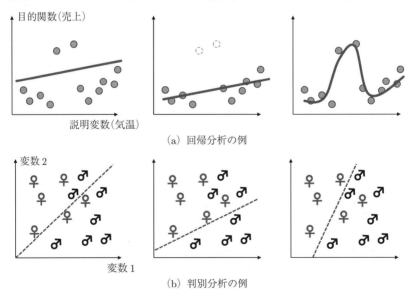

図 7.1　機械学習を可視化で支援するシナリオの単純な例

7.1 機械学習のための可視化

回帰モデルを適用するか,異常値を除外するか否か,といった判断は単純ではなく,時には分析者の意思を介在して機械学習結果を操作することが運用上望ましい状況もあり得る。また,分析者の顧客にその結果を見せない限り,顧客が納得してくれない,という状況も起こり得る。このような場合において,可視化は機械学習を支援できると考えられる。

図 (b) は 2 変数からデータ要素を男女に分類する判別分析をイラスト化したものである。単純に線形判別分析を適用したら図 (b) の左のような結果が得られるかもしれない。もし,分析者が女性を一人残らず抽出したいと考えたら,例えば図 (b) の中央のように判別分析結果を加工したいと思うかもしれない。逆にもし,分析者が男性を一人残らず抽出したいと考えたら,例えば図 (b) の右のように加工したいと思うかもしれない。このような意思決定の目的においても,可視化が機械学習を支援できる可能性がある。

回帰分析のための可視化の例として Muhlbacher ら[63])は,分析対象となる説明変数間の関係をヒストグラム行列で描画することにより,少数の説明変数で構成される部分空間での回帰分析結果の妥当性を表現する可視化手法を提案している。

また,鈴木ら[64])は,目的関数および二つの説明変数を 3 軸に割り当てた 3 次元散布図を用いて,回帰分析の誤差分布を表現する可視化手法を提案している。図 **7.2** に可視化の例を示す。この手法では商店での売上予測を例にして,売上を目的関数にして回帰分析を適用し,説明変数から売上を予測する。この予測値と売上実測値との誤差を色に割り当てた 3 次元散布図を用いることにより,予測誤差が大きくなる要因がどの説明変数にあるかを観察することができる。

判別分析のための可視化の例として Han ら[65])は,ラベルが付与された標本と付与されていない標本が混在している半教師付き学習を対象として,その分類器生成を対話的に実現するための可視化手法を提案している。

また,筆者らは企業との共同研究の一環で,オフィスビルの電力消費に関する異常現象を管理者が対話操作で指定することで電力消費の異常を判別し自動警告する,というシナリオを目指したプロトタイプを開発している[66])。図 **7.3**

110　　7. 機械学習と情報可視化：人間と機械の関係を最適化するために

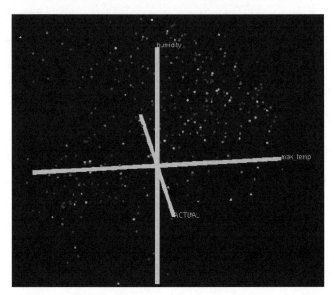

図 7.2　回帰分析結果の誤差分布を 3 次元散布図で可視化した例
　　　（制作：鈴木千絵氏）

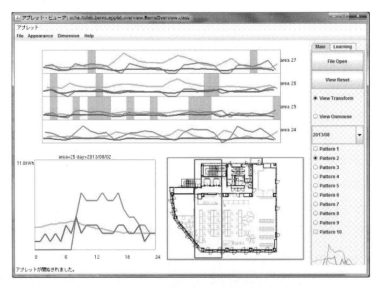

図 7.3　電力消費の異常現象を対話操作で指定すること
　　　により電力消費異常に関する分類器を生成するソフト
　　　ウェアプロトタイプの例

にこのソフトウェアの表示例を示す．画面上部では長期間（例えば 1 か月）にわたる各スペースの電力消費の推移を表示し，各スペースの各日の電力消費量の推移に関する特定のパターンに該当する部分を灰色で着色する．ユーザがその一か所を指定すると，画面左下部でその 1 日の電力消費量の推移を表示し，異常であればマークをつける．この操作を反復して蓄積されるデータを教師信号として，電力消費の異常に関する分類器を生成し，電力消費の異常判別に用いる．

7.1.2　機械学習過程の可視化

　機械学習がどのような過程を経て学習モデルを確立したかを理解することは，学術的にも興味深く，また，時として運用面でも重要である．特にビジネスの現場では，機械学習を搭載したデータの判別結果や予測結果に対して，その結果を導き出した根拠や，あるいは結果が思わしくなかった場合の改善策を問われることがあり得る．そのような状況が発生した際に，教師信号となる入力データが思わしくなかったのか，パラメータ等の調整が必要なのか，モデルの選択を改めるべきなのか，たまたま例外的な状況が発生したために結果が思わしくなかったのか，といった原因追求が必要となる．その対策を主体的に意思決定するための道具として，可視化が有用になる場面がある[†]と考えられる．

　おもに多層構造ニューラルネットワークを導入した深層学習は 2010 年以降の機械学習ブームのけん引役である．深層学習の実用上の大きな問題点として，結果を出した根拠や過程が他の機械学習手法と比べてもさらに複雑である点があげられる．その結果として，結果改善のための調整に経験が必要である，運用時に説明責任を果たすことができない，といった点が実用上の重大なボトルネックになる可能性がある．そこで，深層学習過程の解明のために，ニューラルネットワークを構成する中間層の各ニューロンにおいて入力情報をどのように処理されているかを可視化する研究が進んでいる．

[†] 例として Google 社は機械学習のデータセット分析のための可視化ツール Facets を公開している．http://shiropen.com/2017/07/18/26802 参照．

深層学習の処理工程の可視化はおもに画像認識の分野で先行的に議論されてきた．具体的には，深層学習を構成する各ニューロンの学習内容を画像群として表示する．可視化ユーザはその一覧表示された画像を比較閲覧することで，学習過程の低水準な意味と高水準な意味を同時に理解する．例としてZeilerら[67]は，畳込みニューラルネットワークを用いた画像分類を例にして，各中間層で入力画像がどのように処理されるかを表示するとともに，各中間層においてどのような特徴が強く学習されているか，またその結果として画像中のどの部位から各画像をどのように分類しようとしているか，といった点を可視化した結果を紹介している．Yosinskiら[68]はこの考えを拡張し，さらに網羅的に各ニューロンの学習内容を可視化するソフトウェアを開発して公開している．

画像認識以外の用途も対象とした一般的な深層学習の処理工程を可視化するには，その各ニューロンに記録された数値，あるいは学習のための内部構造などの情報をそのまま可視化する必要がある．可視化によるその理解は画像認識を題材とした可視化よりも格段に難易度が高く，本書執筆時点でも議論が絶えない．例としてWongsuphasawatら[69]は深層学習のデータフローグラフの可視化に，Liuら[70]は深層学習によるデータ生成モデルの学習過程の可視化に，Strobeltら[71]は自然言語処理の目的でよく活用されるリカレントニューラルネットワークの隠れ層の可視化に，それぞれ取り組んでいる．

ここまで深層学習を例にして機械学習過程の可視化について論じてきたが，それ以外の機械学習の多くにおいても，その学習過程の理解のために可視化が有効活用できると考えられる．例えば，ラベルあり・なし混在データを対象とした「半教師あり学習」において，ラベルのついたデータから得られた学習がどのようにデータ全体に波及するかを可視化することが興味深いと考えられる．また，明確な正解を定義せずに「報酬」という情報から最適な学習結果を模索する「強化学習」においても，その学習過程を可視化することは興味深いと考えられる．

7.1.3 機械学習のための可視化に関する展望

ビッグデータと機械学習（特に深層学習）の発展により，本書執筆時点では「大量のデータを一気に計算機に学習させる技術」が幅広く利用されている。しかし考えてみると，われわれ人間は大量の知識を一気に与えられて大人になってきたのではない。幼稚園や小学校からの長い教育課程を積み重ねて少しずつ知識を獲得してきたはずである。そしてその過程において，家族や教員から成績や生活習慣のチェックを受け，時には生活指導を受ける，勉強方法を変えるといった指導を受けて大人になってきたはずである。それを考えると「大量のデータを一気に学習させる」という工程は，人間自身の学習過程，成長過程とは異なる工程であるとも考えられる。このような考察を照らし合わせると，今後は機械学習においても，学習成果や学習過程をユーザが視認し，学習データや学習方法を選択することで，逐次的に学習を進める手法が現在以上に発達する可能性が考えられる。

機械学習と可視化の関係については近年の論文で議論が活発化している。例としてAmershiら[72]は，機械学習の過程で可視化を用いてユーザが介入することの効果を論じ，さらにユーザの介入を前提としたケーススタディの例をいくつか紹介している。

Sacha[73]らは，機械学習の処理工程をデータ編集，前処理，モデル構築，探索＆操作の4段階に分類し，それぞれの工程において6章で論じたvisual analyticsのフレームワークを導入することで，どのようにユーザが積極的に機械学習に介入できるかを論じている（図7.4）。データ編集の段階では，教師信号となるラベルの人手による付与，異常値を有する個体の排除，などの操作のために，次元削減を施した形でデータを構成する個体群を可視化するのが有効であるとしている。前処理の段階では，データ中の数量に対する正規化や重みづけ，特徴量や非類似度計算方法の選定などを判断するために可視化を適用することが有効であるとしている。モデル構築の段階では，回帰や判別などの分析のための数理モデルの選定，また，最適化問題や制約問題を解く過程，などを可視化するためにいくつかの手法が発表されている点を紹介している。さらに，機械学

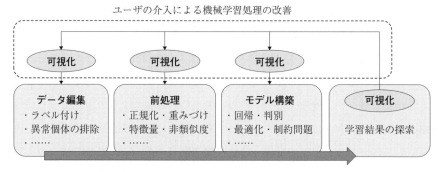

図 7.4 機械学習の過程にユーザが介入するために可視化を利用するモデル（Sacha ら[73]のモデルを和訳・改変したもの）

習の結果を探索するために可視化を実施して，その結果から機械学習の各処理工程を振り返ってユーザが介入することも可能であるとしている．

Endert ら[74]は，visual analytics と機械学習の融合技術を網羅的に紹介している．まず，機械学習の典型的なタスクである次元削減，クラスタリング，クラス分類，回帰分析のための visual analytics の研究を紹介し，続いて具体的なアプリケーションとしてテキスト，マルチメディア，ストリーミングデータ，生命科学データにおける機械学習と visual analytics の融合事例を紹介している．さらにオープンな問題として

- ユーザ対話操作のモデル化
- ユーザと機械のバランス
- 複雑なシステムの構築によるブラックボックス化
- 機械学習の中間結果や計算過程の可視化
- 信頼性や解釈性の強化

について論じている．

6.1 節でも論じているとおり，科学技術シミュレーションの可視化において，*in situ* visualization といって計算過程をその都度可視化する技術が発達している．おそらく今後は機械学習においても同様に，機械学習過程をユーザが逐一可視化することで，学習成果をユーザが理解し，適切な学習データ，モデル，

学習方法，学習パラメータを逐次的に選択することが有用になると考えられる。つまり，機械学習のための可視化は今後，人間主導で学習成果を逐次的に最適化するための道具として発展することが期待される。

7.2 可視化のための機械学習

少なくとも本書執筆時点において，可視化という工程はだれにでも簡単に扱えるものではない。与えられたデータの中に潜む現象や知識を視認しやすい可視化結果を得るためには，一定の経験やノウハウを必要とすることが多い。その大きな理由として筆者は以下の2点をあげたい。

- データがうまく構造化されていない，あるいはデータ中の特徴が不明である，といった理由により有用な可視化結果を「生成」するのが難しい状況にある。
- 1枚の可視化結果だけからデータ中の現象や知識を見つけるのが難しく，何度かの反復的な可視化によって有用な結果を得る必要がある場合に，その手順を正当に「選択」するための経験やノウハウが必要である。

以上の2点のいずれにおいても，計算的手法によってユーザの経験不足，ノウハウ不足を補うことは可能であろう。例えば，可視化結果生成を支援するために，データの構造化や特徴発見を機械に手伝ってもらうことが有効であろう。あるいは可視化結果選択を支援するために，ベテランユーザの経験やノウハウを機械がマスターすることが有効であろう。このような考えから，可視化を支援する道具として機械学習を有効に活用できる場面が多々あると考えられる。

本章では以下，「可視化結果『生成』を支援する機械学習」，「可視化結果『選択』を支援する機械学習」に分けて論じる。

7.2.1 可視化結果生成を支援する機械学習

2章でも論じたとおり，情報可視化手法の多くは特定のデータ構造を想定して開発されている。しかし，実社会のデータは必ずしも可視化に都合の良い形

で構造化されているとは限らない。そのようなデータをそのまま可視化しても，知識を発見できるような可視化結果になる可能性は低い。

そこで入力データになんらかの処理を施して，データの特徴を視認しやすくした上で可視化したい状況が容易に発生する。このとき，データ処理手段の選択によってはデータ中の異なる特徴が浮かび上がる可能性もある。あるいは，データ中の同じ特徴に対して異なる印象を与えるような可視化結果をもたらす可能性もある。このことを悲観的に解釈すると，「恣意的なデータ処理手段の選択により恣意的な可視化結果を誘導する」ということも起こり得る。しかしそれでも，データに対してなにも処理を施さずに可視化するよりはデータを処理した上で可視化したほうが格段によい，というケースは容易に存在する。

そこで，より効果的な可視化結果を作るためのデータ処理手段として，機械学習が頻繁に利用されてきた。特に，次元削減，クラスタリングといった教師なし学習手法は従来から多岐にわたって適用されている。

次元削減：2.3節でも述べたとおり，多次元データを可視化するための散布図には次元削減手法が多用される。多次元データを構成する個体群を多次元ベクタの集合として可視化する際には主成分分析（principal component analysis, PCA）が旧来からよく用いられている。また，任意の2個体間の距離を集めた距離行列として可視化する際には多次元尺度構成法（multi dimensional scaling, MDS）が旧来からよく用いられている。ただしいずれの方法も，多次元データを構成する個体間の距離を完全に画面上で表現できるわけではない。この問題を少しでも改善するために，多くの改善手法が議論されている。いい換えれば，図 **7.5** にイラストとして示したとおり，異なる次元削減手法を適用すれば，異なる可視化結果が得られる。よってデータの性質，可視化結果から得たい知見などに応じて，適切に次元削減手法を選ぶことが重要となる。一方で，次元削減を適用した可視化結果の品質をはかる研究[75]も進められており，今後の発展が期待される。

クラスタリング：2.4節では階層型データの可視化手法を紹介した。また，2.5節で紹介するネットワークの可視化手法の中には，ノードが階層化されたネッ

7.2 可視化のための機械学習

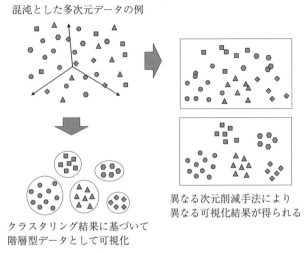

図 7.5 有効な可視化結果生成を支援する教師なし学習

トワーク構造の可視化手法が含まれることも述べた。これらの手法は入力データが最初から階層化されていることを想定しているが，一方で，階層化されていないデータを入力してユーザ自身が選んだ処理方法で階層化した上で可視化する，ということも可能である。例えば，図7.5にイラストとして示したとおり，多次元データをそのまま可視化するよりも，クラスタリングを適用して空間充填型の階層型データ可視化手法を適用したほうが，整然とした形でデータを可視化することができる。このような可視化結果を適切に得るための手段として各種のクラスタリング手法の適用が議論されている。また，ノードが複数のクラスタに重複することを許すソフトクラスタリング手法を適用した上で，2.7節で紹介した集合可視化（set visualization）手法を適用することも考えられる。

7.2.2 可視化結果選択を支援する機械学習

本章の冒頭でも述べたとおり，与えられたデータから1枚の可視化結果を生成しただけでは，必ずしも有効な可視化結果を得られるとは限らない。そこで例えば，膨大な枚数の可視化結果の中から有効と思われる可視化結果を機械に選択させたり，あるいは有効な可視化結果にいたるまでの手順を機械に提案さ

せたり，といった方法が今後は有効になると考えられる．

有効な可視化結果を選択する過程はユーザの対話操作モデルとも大きく関係する．前節で紹介した Endert ら[74]のサーベイ論文にもあるように，ユーザの対話操作のモデル化は現在もオープンな課題である．可視化結果を選択する対話操作の過程を有効に機械学習できれば，可視化結果の選択過程に対する有効な支援につながるであろう．

図7.6は本節で議論するシナリオを図示したイラストである．ここでは可視化結果から得られる画像特徴，あるいは可視化結果を導くまでの操作手順や視線移動などを集め，これと可視化結果が保存されるか破棄されるかとの関係を機械学習することを考える．この機械学習により，ユーザが保存するであろう有用な可視化結果を高い確率で導くシステムの構築を期待できる．

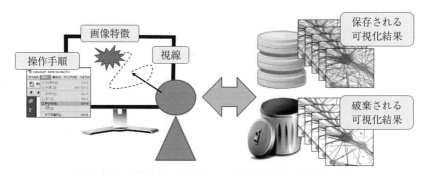

操作手順，画像特徴，視線といった可視化過程の特徴と，その可視化結果が保存されるか破棄されるかの関係を学習する．

図7.6 有効な可視化結果を導くために機械学習を有効活用するシナリオの例

（1） 膨大な枚数の可視化結果からの選択　単一のデータから生成可能な可視化結果は，時として無限に存在する．例えば，3次元空間の可視化では視点の設定を変えるだけで多様な可視化結果を得られる．例えば，時系列性を有する多次元データやネットワークデータでは，各時刻に対して可視化結果を得られる．このように無限に存在する可視化結果の中から，有益な知見を得やすい効果的な可視化結果を自動選択する手法があれば，ユーザは多数の可視化結果を閲覧する負荷や，効果的な可視化結果を求めて試行錯誤する負荷を軽減す

ることができる。

　例として高橋ら[76]は，科学系可視化の代表的手法であるボリュームレンダリングを実行する際に，多数の視点位置から可視化を試み，情報エントロピーの高い可視化結果を得られる視点を自動選択することで，効果的な可視化結果を自動的に得られる手法を提案している。このアプローチは広い意味での教師なし学習であると考えられる。

　それに対して，ベテラン可視化ユーザが教師信号を入力することで，効果的な可視化結果を得られる要因を学習することも考えられる。例えば，ユーザが保存した可視化結果と破棄した可視化結果の画像特徴を集めて，保存するに値する可視化結果を判別分析する，というアプローチが考えられる。あるいは，例えば，ユーザが個々の可視化結果に対して報酬となるスコアをつけ，効果的な可視化結果を得る要因を強化学習によって探索する，といったアプローチが考えられる。

　また，視覚刺激が注意を導く saliency という特性が可視化結果の効果にも影響することが報告されている[77]。いい換えれば，saliency に代表される視覚特性を画像特徴として可視化結果から算出し，それと可視化ユーザの評価との関係を機械学習する，という試みも有効であろうと考えられる。

（2）正しい操作手順に基づいた可視化結果の選択　　大規模かつ複雑なデータから適切な可視化結果を得るためには一定の操作手順を要することが多い。例えば，6 章で紹介した visual analytics では，可視化と分析を反復することで最終的な可視化結果を得ることが想定されている。このようなシステムでは，操作手順の適切さが可視化結果の成否を大きく左右することになる。また，操作手順を記録しておかないと，同様なデータに対して同様な可視化結果を再現できない，という問題が生じ得る。

　この問題を解決するための一手段として，操作手順を記録して検索可能にするための出自管理（provenance management）という概念がいくつかの可視化システムに搭載されている[78]。また近年では，可視化を用いたデータ分析の出自はいくつかのタイプにモデル化が可能であり，それがデータ分析の再実行，

修復，協調作業，プレゼンテーション，分析過程のレビューなどに有効であることが議論されている[79]。

以上の議論から，ベテランユーザの操作手順を単に記録して参考にするだけでなく，記録した操作手順を機械学習の教師信号として有効利用できることが示唆される。そして，入力データの数値分布や構造的特徴，あるいは可視化結果の視覚特性と，それに起因する操作手順との関係を学習できるであろう。この仕組みにより，新しい入力データに対して適切な操作手順の候補を例示できると考えられる。

（3） **可視化結果の正しい眺め方に基づいた情報理解**　ベテランユーザは可視化結果を映すディスプレイをどのように眺め，どこに着目しているのか，といった点を観察することで，可視化結果の正しい眺め方を模索することができる。近年では視線追跡（eye tracking）のためのシステムが普及したことから，ユーザによる可視化結果の眺め方についての研究も進んでいる。例としてSteichenら[80]は，情報可視化の画面を眺めるユーザの視線追跡結果を機械学習するユーザテストを示している。そしてその実験結果から，視線追跡結果の機械学習はユーザタスクの判別に使えそうであることを主張し，さらにはユーザ適応型の情報可視化システムへの発展可能性を議論している。

ベテランユーザの視線追跡結果を記録し学習することで，可視化結果の中でユーザが着目すべき点を提示するようなインタフェースを開発できるようになると考えられる。あるいは，ベテランユーザの視線追跡の傾向にそぐわない可視化結果が出てしまった場合には，パラメータを変更するなどして可視化をやり直す，といった形での自律的な可視化システムを組むことも考えられる。

7.2.3　可視化のための機械学習に関する展望

「データを可視化したけれどなにも発見できなかった」という事例は容易に存在するし，その結果として可視化という工程を支持しない人がいることも容易に想像できる。しかしそれだけでは「有益な知識が本当にデータ中になかったのか」それとも「可視化の方法が最適でなかっただけで実は重要な知識を見逃

しているのか」は判断できない。一人でも多くのユーザに可視化結果からデータを理解してもらうためには，例えば

- データ中の現象を最も理解しやすい可視化結果を模索する
- 可視化に精通しているユーザの方法論を模倣する
- 生成し得るすべての可視化結果をざっと眺めるのではなく，厳選された可視化結果をじっくり眺める

といった方法が有効であり，そのために機械の助けを借りることも有効であろう。

以上をまとめると，可視化の工程に機械学習を用いる意義は，人間がデータを理解する工程を機械に手伝ってもらうことであるともいえる。これも人間と機械の関係を最適化するために議論すべき重要な視点の一つであろう。

コーヒーブレイク

情報可視化業界における機械学習ブーム

本書執筆に着手した 2017 年には，機械学習に直結した可視化の研究が爆発的に多数発表された。可視化の世界最大の国際会議である IEEE VIS では，深層学習のための可視化，クラスタ分析，クラス分類だけでそれぞれセッションが組まれた。そのほかにも，自然言語処理でよく用いられるトピック分析のための可視化などが発表された。

1 章や 5 章でも論じたとおり，情報産業にトレンド技術が生まれると，その課題解決のために情報可視化を適用した研究事例が発表される，という現象はこれまでにも何度も発生してきた。本書執筆時点では機械学習がその主役の一つであったといえる。

VR/ARと情報可視化：
データ分析を現実世界に還元する

　仮想現実（VR）と拡張現実（AR）は情報処理技術の中でも近年の発展が目覚ましい技術の一つである。2016年には日本の情報処理業界で「VR元年」という言葉が流行した。といっても，VRという技術自体は20世紀から存在しており，決して2016年に誕生した技術ではない。ヘッドマウントディスプレイ（head mounted display, HMD）などの主要なデバイスに安価な製品が急増したことで，VR/ARの普及や事業化に一気に弾みがついた年，という意味もあって産業界では「元年」という単語が使われたものと考えられる。

　VR/AR技術を情報可視化に適用することで，可視化結果に対する臨場感や日常感，また可視化空間に対する自在な操作性が得られる。この効果がひいては，おもに専門業務目的で発展してきた情報可視化技術を，一般消費者を含むより広いユーザ層に展開するであろう。また，同時に，データ分析・データ可視化という行為がVR/AR技術によって魅力的なコンテンツの一つになると期待される。

　本章ではまず，これまでのVR/AR技術と可視化の関係について簡単に述べる。特に，科学系可視化において旧来からVR技術が活用されていた点を紹介する。続いて，VR/AR技術をさらに活用することでimmersive（没入的）に情報を可視化する「immersive visualization（没入的可視化）」の今後の発展の可能性について論じる。さらに，immersive visualizationの拡張概念として近年提唱された「immersive analytics（没入的分析）」という新しいフレームワークについて論じる。

8.1 可視化のための VR/AR 環境

1.1 節で紹介した科学系可視化は，3 次元 CG 技術を最も強力に駆使するアプリケーションの一つとして 1990 年代から広く用いられてきた。それと同時に科学系可視化は，VR 技術の黎明期における主要なアプリケーションの一つでもあった。

例えば，流体力学シミュレーションによって航空機や自動車の周囲の空気の流れを算出したとしよう。その計算結果の全体像を俯瞰したければ，やや遠目から航空機や自動車の全体を眺めるように視点を設定するのが一般的であろう。一方で，航空機や自動車の内部に没入するようにして乗客目線で空気の流れを眺めることができたら，その空気の流れをよりリアルに実感できるであろう。また，例えば航空機周りの流体力学シミュレーション結果の場合，翼付近に最も複雑な流れが観察されることが多いが，翼に座り込むような視点でシミュレーション結果を可視化することでその複雑さを実感できる場合もあるだろう。このような場面において，VR 技術を用いた没入的な可視化は有効である。

図 **8.1** は航空機の機体周りの流体力学シミュレーション結果を可視化した例である。この可視化例では航空機の機体を三角形の板で簡略表示し，気体の流れを流線と呼ばれる曲線の集合で描いている。図 (a) は流体力学計算の対象となる 3 次元領域を外側から概観した可視化であり，通常の可視化ソフトウェアでもよく用いられる構図である。それに対して図 (b) は 3 次元領域の内部に没入した構図での可視化である。このように，没入した構図で可視化の対象空間を描画することにより，より実感のわく形で可視化結果を閲覧できるようになる。さらに，対象空間内部に没入することで，その内部に見られる複雑な立体的現象を理解しやすくなることが多い。

同じようなシナリオは，他の科学系可視化においても成立する。例えば，分子動力学シミュレーション結果を可視化する場合に，複雑に絡み合った分子構造を理解する一手段として，分子構造の内部に没入して歩き回るようにして可

8. VR/AR と情報可視化：データ分析を現実世界に還元する

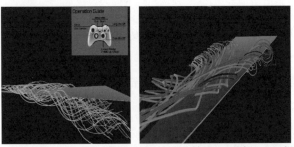

(a) 流体力学計算の対象となる3次元領域を外側から概観した可視化

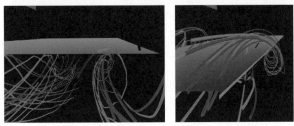

(b) 3次元領域の内部に没入した構図での可視化

図 8.1　航空機の機体回りの流れを VR 環境で可視化した例
（制作：澤田頌子氏）

視化を進める，という操作手段が考えられる．また例えば，医療撮影画像から復元した人体内部の3次元形状を可視化する場合にも，臓器や組織の複雑な位置関係を理解するために没入的な VR 環境が有効である．この手段は例えば外科手術の練習や計画の目的においても有効であることが実証されている．

VR 技術の黎明期には大規模で高価な専用システムがいくつか開発されてきた．特に，空間を囲む複数のスクリーンを用いて映像を立体表示する CAVE （図 8.2）という VR システムは，3次元可視化の目的でも長い間実用されてきた．航空機，自動車，プラントといった重厚長大な産業分野，あるいは人命にかかわる医療や製薬などの分野では，比較的早くから可視化の目的で VR 技術の適用が進められてきた[†]．

[†] AR 技術においても同様に，専門業務への実用は従来から広く試みられてきた．製造業の現場における仮想試作製品と実世界の合成，試作製品と図面の比較，といった事例がその代表である．

8.1 可視化のための VR/AR 環境

一様等方性乱流中の渦構造(渦度の等値面)の3次元動画を観察中。

図 8.2　CAVE による没入的環境（提供：東北大学流体科学研究所未来流体情報創造センター）

このように，VR 技術はハイエンドな専門業務のための可視化において多くの実用が試みられてきたのに対して，情報可視化に VR/AR 技術が適用されたという事例は多くなかった。理由としては 4.6 節で議論したとおり，情報可視化には 2 次元可視化技術をベースとしたものが多いという点が考えられる。つまり，旧来の高価な VR/AR 装置への投資は情報可視化にとって割に合わないものであったと考えられる。

しかし，VR/AR 装置に関する状況は 2010 年頃から大きく変わってきている。HMD を中心とする立体視デバイス（図 8.3）は数万円で手に入るように

図 8.3　数万円で入手できる HMD の例

なった。また，実空間指向の入力デバイス技術も充実してきた。端的な例として家庭用据え置きビデオゲーム機の入力デバイスには，加速度センサを埋め込んだリモコンや，カメラと深度センサでジェスチャを認識する機能などが導入されるようになった。ここまで VR/AR 技術に関連するデバイスが手軽に入手できるようになれば，情報可視化と VR/AR 技術との距離を急速に縮めることが可能になる。このような時流から，次節で紹介する immersive analytics（没入的可視化）の発展が期待される。

8.2 Immersive visualization: VR/AR 技術と可視化の融合

前節では VR/AR 技術と可視化との従来の関係について述べた。前節でも論じたとおり，科学系可視化ではハイエンドな VR 技術が旧来から適用されてきた。その可視化の対象空間に没入するという意味で，immersive visualization（没入型可視化）という単語が以前からよく使われてきた。この概念に対する今後の進展の可能性を図 8.4 に示す。今後はおもにつぎの3点

- 科学系可視化における AR の適用
- 情報可視化に対する VR の適用
- 情報可視化に対する AR の適用

に関する研究が進展するものと考えられる。

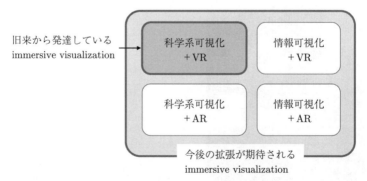

図 8.4　immersive visualization の今後の進展の可能性

8.2 Immersive visualization: VR/AR 技術と可視化の融合

以下に筆者が想定する immersive visualization の進展の可能性を論じる。VR/AR 技術の適用が発展することで総じて，おもに専門業務に対して発展した可視化技術を大衆ユーザに還元する効果をもたらすことが期待される。

8.2.1 科学系可視化と AR

近年の計測技術とシミュレーション技術の大規模化と精密化は著しく進歩しており，現実世界をかなり忠実に再現する計測結果や計算結果が得られるようになっている。現実世界の風景を拡張するかのように計測結果や計算結果を表示することで，より現実感ある形で計測結果や計算結果を理解できるようになる。

一方で，例えば流体力学では計測結果と計算機シミュレーション結果の同化という技術が進んでおり，現実世界での計測結果に対して整合するようにシミュレーションを実行し，それらを重ね合わせるようにして流体現象を可視化できるようになっている[81]。このような形で現実空間とシミュレーション空間を重ね合わせる AR が研究成果として実現され始めている。

科学技術シミュレーションの究極的なシナリオの例として，海岸で地震が発生したら瞬時に津波のシミュレーションを実施し，実際に津波がやってくる前にその計算結果を示す，というシナリオが考えられる。このシミュレーションされた津波が地震直後に AR 技術によって眼前に広がったら，閲覧者は「避難しなければ」という危機感をもつことになるであろう。

また，例として，研究室内の空調設備による空気の流れがどのように室温を調整しているかを計算したとしよう。このような空気の流れを表すイラストの例を図 **8.5** に示す。このように，計算機シミュレーション結果を実写真に重ねて描くことで，その計算結果がまるで自分の眼前に還元されたかのような実感をもたらすであろう。

同様なシナリオはほかにも多数考えられる。例えば，現実の交差点を想定した自動車事故シミュレーション，現実の居住空間を想定したタバコの煙の拡散シミュレーション。このような計算結果を AR 技術によって現実世界に重ねて

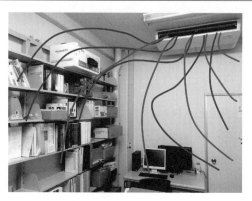

図 8.5 室内の空気の流れを AR 空間上で描画することを示したイラスト

表示する[†]ことで，計測結果や計算結果をより実感できる形で閲覧できるようになる．

このように科学系可視化への AR の適用には，計測や計算を担当する専門家の理解だけでなく，非専門的なユーザへのアウトリーチの手段という形でも大きな有効性が期待される．

8.2.2 情報可視化と VR

情報可視化の代表的な操作手順を Shneiderman[8)]が提唱しているという点は 3 章でも論じた．overview（概観）から始まるこの操作手順は，データ所有者がその全貌を把握したい場合，あるいはデータ分析者がデータ中のどこに注目するかを特定したい場合，などには特に有効であろう．一方で，すべての情報可視化ユーザにとって overview が重要であるか考えてみたい．例えば，最初からデータ中の局所にしか興味をもたないユーザにおいては，膨大なデータ全体を眺めることは重要ではなく，むしろその局所に没入してその周辺を眺めることから情報可視化を始めるほうが有用である場合も多い．

[†] 国内でも例えば，新菱冷熱工業株式会社と株式会社ソフトウェアクレイドルが，AR ディスプレイ装置を前提とした気流可視化システムを発表している．
http://www.cradle.co.jp/news/detail/0000000171

8.2 Immersive visualization: VR/AR 技術と可視化の融合

端的な例として，楽曲間のつながりを可視化する機能を備えた Songrium という音楽視聴支援サービスを図 8.6 に示す．このサービスでは膨大な数の楽曲がネットワークを構成しているが，一般利用者はそのすべての楽曲を閲覧する必要はない．このサービスの代表的な画面の一つである「音楽星図」[†] では，まず初期画面で 100 曲程度のアイコンを表示する（図 (a)）．ユーザが興味ある 1 曲を選ぶと，その曲が画面の中央に表示されると同時に，ユーザが「つながり」を登録することによって連結された楽曲のアイコンがエッジで結ばれた状態で表示される（図 (b)）．このエッジをたどることで，関連のある楽曲をたぐり寄せるように鑑賞できる．この操作状況はまさに，膨大な楽曲群が構成するネットワークの内部に一般利用者が没入している状態とも考えられる．

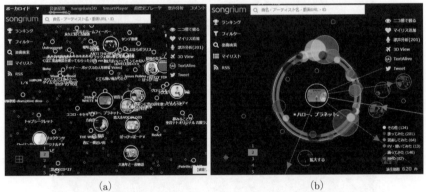

楽曲間のネットワークの内部に没入するようにして興味ある楽曲を探す工程を支援する．

図 8.6 音楽視聴支援サービス Songrium（開発：産業技術総合研究所メディアインタラクション研究グループ）

このように情報可視化のユースケースの中には，情報の全貌を俯瞰する必要はなく，ユーザ自身の興味のある局所にのみ注目できればよい，というユースケースも十分考えられる．このような状況において，データの内部にユーザが没入することで，より効果的に興味ある知識やコンテンツを発見できる可能性が考えられる．

[†] http://songrium.jp/map/

8. VR/AR と情報可視化：データ分析を現実世界に還元する

情報可視化は多くの場面で 2 次元可視化が支持されてきたという点は 4.6 節で論じてきたが，一方で 2 章で紹介した情報可視化手法のいくつかは 3 次元でも実装可能である．例えば，散布図は直交 3 次元座標系でも実装可能である．また，おもに 2 次元可視化として開発されてきたグラフ描画アルゴリズムも，3 次元に拡張可能なものが多い．また，情報可視化手法を応用したコンテンツ閲覧目的のユーザインタフェースにおいても，この考え方が有効な場合がある．図 **8.7** は 3 次元空間に写真を配置し没入的に閲覧するユーザインタフェースの開発例である．

図 **8.7** 3 次元空間に写真を配置し没入的に閲覧するユーザインタフェースの例（制作：堀辺宏美氏）

没入型環境を意識した 3 次元可視化手法に関する研究の一例として Kwon ら[82]は，没入型環境におけるグラフ可視化のためのデータ配置，レンダリング，対話操作に関する各種手法を比較している．

8.2.3 情報可視化と AR

6 章でも論じたとおり，センサ技術やソーシャルサービスが記録する現実社

8.2 Immersive visualization: VR/AR 技術と可視化の融合

会の情報は近年のビッグデータの主要な情報源であり，その可視化は急速な課題となっている．このような現実社会の情報を，現実世界に戻す形で可視化することで，さらに実感のわく形での可視化が実現できるシナリオは多数考えられる．

多数の学生が集まる大学の教室，あるいは多数の従業員が集まる企業のオフィスを想像してほしい．ここに集まる人物の成績や属性を多次元データとして可視化し，現実の教室やオフィスの風景に重ねて表示できるとしよう．あるいは人物間のメールやソーシャルメディアでの会話量から人物間ネットワークを生成し，現実の教室やオフィスの風景に重ねて表示できるとしよう．このような可視化によって，その空間における集団行動の背景にはどのような成績，属性，人間関係が潜んでいるか，より深く理解しながらその空間を観察できるであろう．

あるいは，スーパーマーケットやコンビニエンスストアなどの店舗を想像してほしい．この店舗の中で人がどのように移動し，どんな商品に興味をもち，結局なにを買ったのか，といった情報は店舗所有者にとって非常に重要である．また，一般消費者にとっても，どんな人が過去のその商品を買ったのかといった情報は，本人による購買の参考になり得る有用な情報である．このような情報を現実世界に重ね合わせて表示できたら，どんな来訪者がいつどんな商品に興味をもったか，店舗の陳列や品揃えに問題はなかったか，といった深い知識をより実感をもって確認できるであろう．

図 **8.8** はある屋外空間での歩行者数の時間変化を現実空間に重ね合わせるようにして表示した例を示すイラストである．このような可視化を AR 技術によってその現場に持ち込むことで，さらに臨場感のある情報可視化を実現できると考えられる．このような可視化システムはすでに試作が始まっており[†] 今後の展開が期待される．

[†] 例えば http://ibmblr.tumblr.com/post/164034889362/grab-a-slice-of-pie-chart-there-are-millions-of

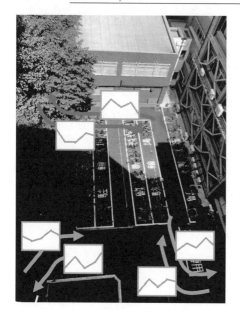

図 8.8 人の流れを AR 空間上で描画することを示したイラスト

8.2.4 ここまでのまとめ

immersive visualization という概念が拡張され,低価格化した VR/AR 技術が汎用的に使われるようになれば,科学系可視化だけでなく,情報可視化にも適用される機会が増えるであろう.これには大きく二つの意味がある.一つは,既存の情報可視化手法が拡張されて,可視化すべきデータが仮想空間に変身し,まるでユーザがデータの中に没入するような効果をもたらすという点である.もう一つは,情報可視化が現実空間を拡張するコンテンツとなるという点である.これらの効果は特に,おもに専門業務向けのツールとして発達してきた情報可視化を,一般消費者などを含むより広いユーザ層に拡大する効果につなげることが期待される.

8.3 Immersive analytics: 没入的なデータ分析環境の完成形へ

情報可視化の本来の目的が「情報の概観,解明,操作,報告」にあるとしたら,その目的の実現に向けて視覚以外の感覚に訴える技術を排除する理由はない.

8.3 Immersive analytics: 没入的なデータ分析環境の完成形へ

例えば近年，聴覚に訴える情報表現手段として「可聴化」が活発に研究されている。画面ではなく音響で情報を伝えるメリットはいくつかある。例えば，視覚より聴覚のほうが時間的解像度に敏感であり，ある種の時系列情報を伝えるには視覚よりも優れている。また，他の作業をしながら同時に情報を監視しなければいけない業務において，目を離している場面でも耳に情報を入れることはできる。このように，情報の伝達手段として視覚以外の手段（聴覚に限らず，例えば嗅覚や触覚も）が有用である場面は多い。

前節で述べた immersive visualization のうち immersive（没入的）という点に着目する。情報の伝達のために没入的な空間を構築しようとしたら，単純に視覚だけを利用するよりも，他の感覚にも同時に訴えたほうが，より没入的であり現実感のある空間を創り出すことができることはいうまでもない。げんに VR/AR 技術は視覚に限らず，聴覚，嗅覚，触覚なども利用した多様な発展を遂げている。また，ユーザが自分だけでなくほかにもいるという点が重要な場合もある。複数のユーザによる協調作業が，情報を伝達する空間に没入感や現実感を与えることも多い。

このような背景をもとに 2015 年頃から，immersive analytics（没入的分析）[83] という新しいフレームワークが提唱されるようになった。immersive analytics とは，視覚に限らず多感覚なメディア技術とユーザインタフェース技術を駆使し，複数ユーザによる協調作業も視野に入れて，より没入的に情報を探索・分析するための枠組みである。

Chandler ら[84] は immersive analytics を以下のように語っている。

> immersive analytics とは，新しい対話操作と表示技術を駆使することで，解析結果の意味付け，あるいは解析結果からの意思決定をどのように支援するかを議論する学術分野である。その目標は，協調業務を支援する解析的なアプローチのための多感覚なユーザインタフェースを提供することであり，あるいはデータの中にユーザ自身を没入させることである。

また，Marriott らによる immersive analytics の書籍（筆者も執筆に参加し

ている)[83]は以下の章で構成されており，immersive analytics の要素技術と研究課題を網羅している．

- 3 次元情報可視化の特徴と課題
- 多感覚型（multisensory）の分析
- 分析のための対話操作
- 人間主導型の分析
- データストーリー
- ユーザの状況を前提とした分析
- 協調的分析
- アプリケーション（生命・健康科学，建造環境）

さらに，Chandler ら[84]は以下の 7 項目を immersive analytics の研究課題としてあげている．

- 協調業務支援システムの多くは同期型か非同期型か，あるいはローカルかリモートか，といった観点で分類される．新しい環境によりこのモデルを拡張できるか．
- 3 次元可視化が適用されてきた 3 次元物理空間と，2 次元可視化がおもに適用されてきた情報可視化向けのデータを，どのように統合的に可視化するか．
- AR などの技術を利用するにあたり，従来の情報可視化の操作手順モデル（overview, zoom and filter, details on demand）とは異なるモデルを提唱する必要があるのではないか．
- 高性能なディスプレイ，音響設備，タッチセンサなどを駆使することで，トリックやアフォーダンスの考え方も変わってくるのではないか．
- 3 次元の可視化手法からなにを学べばいいのか．学ぶものがなければ，デザイナーが 2 次元可視化を支持する従来の状態が続いてしまうのではないか．
- immersive analysis を用いることで最大の実りをもたらす適用分野とは何なのか．なにが適用分野特有の要求であり，なにが適用分野に依存しな

8.3 Immersive analytics: 没入的なデータ分析環境の完成形へ

い一般的な要求なのか。

- どのように共通プラットフォームを開発できるか。既存のプラットフォームでは不十分ではないか。

immersive analytics は本書執筆時点でまだ議論が始まったばかりの新しいフレームワークであるが，本章のサブタイトルでもある「データ分析を現実世界に還元する」という目標設定の一つの究極の形として，今後の発展が期待される。

情報可視化の研究開発の展望：「可視化」に続くものはなにか

　本書の前半（1〜5章）では情報可視化の黎明期に開拓されてきた各種手法を紹介し，そのヒューマンファクタや適用事例について紹介した．本書の後半（6〜8章）では近年の情報技術業界を牽引するビッグデータ・機械学習・VR/AR といった技術分野と情報可視化の関連について論じた．本書のむすびとして本章では，情報可視化の歴史を振り返った上で，情報可視化という研究開発分野がどのような方向性を意識して発展していくかについて私見を述べる．なお，本章で論じる私見の一部は，情報可視化に限らず情報処理業界の他のいくつかの研究開発分野にも派生可能な議論であると考える．

9.1　「可視化」という学術分野名をリニューアルするとき

　2章ではデータ構造に基づく情報可視化手法の分類体系を紹介し，3章では情報可視化のためのインタラクション手法の体系を紹介した．このいずれもが1990年代に生まれたものであり，それから本書執筆時点までに約20年が経過しているが，これらの体系が根本から覆されるような新しい概念は特に生まれていない．
　むしろ，「可視化」という単語が直接意味する「見えるようにする」という目標は，1990年代の段階である程度実証されていて，われわれは社会の流れや計算機の発達にあわせて延々とそれをバージョンアップしているともいえなくもない．
　一方で，可視化に従事する研究開発者の課題はすでに「見えるようにする」と

いう課題を超えて，もう一段スケールの大きい課題に挑戦している．いい換えれば近年の可視化の研究者たちは，「可視化」という技術を部品として，さらに大きなシステムを構築しようとしている．6章で論じた visual analytics は「可視化と分析という2種類の部品を組み合わせたシステム」という側面もあるし，8章で論じた immersive analytics は「没入型空間の中に可視化という部品を組み込んだシステム」という側面もある．

　以上のことから筆者は，この学術分野が現在目指しているものに比べて「可視化」という名前のほうが遅れているのではないかとつねづね感じている．そして，当該学術分野がこれからなにを目指すかを社会に知らしめるためには，いつか「可視化」という学術分野名をリニューアルできればいいのではないかと考えており，個人的にもどんな名前がふさわしいのかときどき思案している．

　そして筆者は，「可視化」という学術分野名だけでなく，研究開発における価値観や方法論，社会へのアピール手段など，いろんな点でこの学術分野にはリニューアルが必要だと感じている．これらについて以下に議論したい．

9.2　「フレームワーク研究」，「組合せ研究」を重視する

　前項でも論じたとおり，情報可視化技術の学術研究に関する近年の動向は，visual analytics や immersive analytics に代表されるように，複数の可視化技術を部品としてどのように組み合わせるか，あるいは機械学習や VR/AR といった急成長分野にどのように可視化技術を部品として組み合わせるか，といったフレームワークの研究にも重点が置かれている．

　筆者の個人的見解として，この学術分野にとって「データを画面表示するために新しい描画技術や操作技術を開拓する」という研究開発は途中工程にすぎない．あくまでも最終目標は「データを目視して理解し，つぎの行動につなげる」という抽象的な課題を解決することであると考える．

　この目標を達成するための手段として「新しい数理技術，描画技術，操作技術を開拓すること」が必要とは限らない．すでに見慣れた描画技術，使い慣れた

操作技術から離れすぎないことがユーザにとって重要な場合も多い．また，新しい数理技術や洗練された数理技術よりも，教科書に載っている古典的な数理技術を適用したほうが，説明性の高い可視化結果が得られる場合も多い．

いい換えれば，「データを目視して理解し，つぎの行動につなげる」という目標を達成するために，新しい技術を開発するよりも，「既存の理論，技術を組み合わせることで構成される新しいフレームワーク」が必要であるという状況は大いに考えられる．そのフレームワークとしての新規性を研究者や開発者はもっと重視すべきであると筆者は考える．

情報技術の研究者や開発者は「新しいアイディアを形にする」ことや「要素技術の性能を向上する」ことに力を注ぐ機会が多く，学会や展示会でもそのような技術が注目されがちである．筆者の個人的な感想として，日本には特にその傾向が強いのを感じている．それはそれで素晴らしいことであるが，一方で社会的な課題を解決する最善の手段が「既存技術を組み合わせたフレームワーク」であるなら，それも研究や開発としてもっと高く評価される社会になるべきである．これは情報可視化に限った話ではなく，きっとほかにも多くの学術分野において共通した課題であるように思われる．

9.3　手段と目的を繰り返し反転させる

一方で，情報可視化の研究発表の場では，既存技術の問題を解決するバージョンアップ型の研究成果が現在も多数発表され続けている．

本書の5章でも述べたとおり，筆者は情報可視化の研究は「手段と目的が正反対となる2種類のアプローチによって発展してきた」と考えている．この2種類のアプローチは筆者の研究室の中だけでもつねに混在する．ある特定のデータのために開発を始めた可視化技術が汎用的なソフトウェアとして形になり，別のアプリケーション分野の研究のために再利用される，という形で学生の研究が進むことが何度も起こっている．例えば，筆者自身による階層型データ可視化手法[21,22]はもともとウェブサイトの可視化という特定のアプリケーション分

野から出発して開発された汎用的可視化手法であり，その後は自然言語処理結果や薬物実験結果の可視化に応用されている．また筆者自身によるネットワークデータ可視化手法[36]はもともと遺伝子ネットワークの可視化という特定のアプリケーション分野から出発して開発された汎用的可視化手法であり，その後はウェブアクセス傾向の可視化や個人写真ブラウザなどに応用されている．つまり，筆者の研究室の中だけでも手段と目的は何度も反転されているのである．

この「手段と目的を反転させる」という視点は，情報可視化に限らず，ソフトウェア開発の多くの業界において適用可能な視点ではないかと筆者は考える．ソフトウェア開発の仕組みにおいて再利用性は重要な一要素である．現実社会でのソフトウェアの多くは用途や業界をまたいで再利用されており，開発効率の向上に貢献している．特定のアプリケーション分野のために開発したソフトウェアが，汎用的に利用可能なソフトウェアとして再構成され，また別のアプリケーション分野に転用される……というプロセスはまさに「手段と目的を繰り返し反転させている」ことに相当すると筆者は考える．そしてわれわれは，技術書を読むときや，授業やセミナーを聴講するとき，手段と目的を柔軟に切り替えて解釈できるような訓練をするべきであろうと考える．

9.4　可読化は可視化ではない

1章でも述べたとおり，日本では「見える化」というキーワードとともに，情報を開示する動きが活性化された時期があった．この取組み自体には一定の成果があったと思われる．しかし筆者の感想としては，可視化技術の本当の威力を発揮しないまま中途半端な達成を迎えている場面も少なくないと考える．

例えば，あるウェブサイトには「電力の見える化」という取組みの結果として，その日の総電力消費量という1個の数値だけが表示されている．これはまさに表示しなくても読み上げるだけでも伝わる情報であり，本書でいうところの「可読化」である．このウェブサイトからは，電力に関するそれ以上の内訳はわからない．日常生活で「見える化」と呼んでいる取組みの中には，まだこ

の程度でしかデータを表現できていない取組みは多いであろう。

　日本の企業や自治体の業務は，得てして数値基準を満たすことが最優先されがちである。よって，例えば電力という数値の明示が最優先されること自体はやむを得ない。しかしその裏では，ひょっとしたら，真夏に多数の従業員が汗を流しながら空調を切ったまま働いた結果，ほんの1パーセントの節電を実現し，代わりに作業効率が10パーセント落ちた，という現実があったかもしれない。しかし，このウェブサイトからはそのような詳細な裏側はわからない。

　情報可視化は「データの本質を理解する」というゴールを求めて深淵な方向に研究開発が進んでいる。visual analytics は反復的なデータ探索によってデータ中の重要な細部を見つけさせようとしている。immersive analytics は現実世界の中にリアリティある形でデータを映し出そうとしている。可視化という行為が求めるゴールはまだまだ遠い先にある。われわれは総電力消費量という1個の数字を知ったくらいで満足してはいけない。もっと深い現実，もっと繊細な現実を能動的に獲得するべきであり，可視化の研究者はそれを社会に対してどうアピールするかを議論する必要があると考える。

　可読化は可視化のゴールではない。

9.5　情報可視化の実用事例が可視化されなかった状況を打開する

　1章でも論じたとおり，情報可視化は機密性の高いデータから詳細な事実を明らかにする目的で実用されている事例が多い。多くの場面において，このような実用によって得られた知見もまた機密情報であって公表できないものである。それどころか，筆者が経験した現場の中には，情報可視化を実用しているという取組み自体が機密情報であり公表できないという現場もあった。このような状況が，情報可視化の知名度を上げにくくしてきたように筆者は感じている。

　以上のような状況は日本では特に顕著であるように感じている。国際会議を見ていると，海外の研究発表では日本と比べて，機密性やプライバシーが高いはずのデータがふんだんに使われており，その研究成果が論文という形でオー

9.5 情報可視化の実用事例が可視化されなかった状況を打開する 141

プンになっている．日本の情報可視化の研究開発者はますます，データを可視化して成果をオープンにすることの価値をアピールしていく必要がある，ということを痛感する次第である．

一方で最近では，この状況とは独立に，一般ユーザにも親しめる方向に情報可視化の学術研究が進んでいる一面がある．3章で紹介した narrative visualization や，8章で紹介した immersive visualization が，その端的な例であると考えられる．

情報可視化は 2000 年頃から急激にそのターゲットを各種の専門業務に切り替えたという歴史的経緯を 1 章にて論じた．確かに，その時期には情報技術産業にも，テロ対策，ヒトゲノム解読，といった専門業務にも投資されるようになり，情報可視化の研究開発者もそれらの課題を追いかけるようになった．

2000 年頃といえば，情報技術産業の好景気を表す「IT バブル」という単語がしばしば聞かれるようになった時期でもある．2000 年問題を契機にした業務システムの入れ替え，電子商取引技術の発達などに伴い，おもに B2B（business to business）という企業間業務システムが大きく投資されて発展した時期でもある．これも情報可視化のターゲットが企業間業務などの専門業務に移行した背景の一端でもあると筆者は考えている．

2010 年代に入りその産業構造は大きく変わった．スマートフォンをはじめとする高性能モバイル機器の普及，ソーシャルネットワーキングをはじめとする参加型サービスの流行により，企業は一般顧客から直接データを収集できるようになり，それが情報技術産業の牽引の一端となった．GAFA（Google, Apple, Facebook, Amazon）と呼ばれる 2010 年代の代表的な情報技術企業は，一般顧客から直接収集した良質かつ膨大なデータを背景に強大な企業となっている．このような状況にある現代こそ，データを一般社会に，データを一般顧客に還元する時期ではないだろうか．

2010 年代の情報技術産業を牽引したトレンド技術群は一種のループを構成すると筆者は考えている．一連の IoT 技術によって現実世界からデータが収集されてビッグデータとなり，機械学習をはじめとする人工知能技術によって分析

され活用される。この分析結果がVR/ARをはじめとするユーザインタフェースによって現実世界に還元されれば，このループは完成する。いまこそ，可視化技術によってデータを現実世界に還元する時期であると筆者は考える。

9.6 人間がデータ理解を先導するために

人工知能の2045年問題が提唱され，現存する仕事の何パーセントかは機械に置き換わるという予言が有名になった。この予言が有名になったことでかえって，機械に置き換え可能な仕事を実際に機械に置き換える取組みが加速したように筆者には感じられる。

さて，筆者が情報可視化のデモを他者に見せたときに何度かいわれた感想に「私はデータなど見たくない。なにも見ないで済む技術が欲しい。」というものがある。本当にそのような姿勢でいいのだろうか？　「データを知らないで済む働き方」こそ「機械に置き換えられてしまう働き方」ではなかろうか？

筆者は情報可視化の技術確立の先にある目標の一つを，「機械との協力関係の中で人間がデータ理解を先導し，人間自らがその結果に対して主導的にアクションを起こす仕組み」の確立であると考えている。例えば，7章で論じたように，機械学習の性能をあげるためには時としてデータを供給する人間が先にデータを知る必要があるのではなかろうか。また，機械による学習過程を先に知ってその学習過程を調整することも効果的であると考えられる。また人間が情報可視化技術を駆使して能動的にデータを理解するためにも，機械学習の力を借りることが非常に効果的であることが考えられる。人間と機械の関係を最適化するために，人間が先導してデータを理解することが今後ますます重要になると考えられる。

むしろわれわれの本来の目標の一つは「意思決定を最終工程とした人間主導型のデータ理解」であり，その技術的な第一段階が情報可視化の技術確立と考えてもよいかもしれない。情報可視化という単語が学術業界から消えて，もっと大きな概念を示す別の単語に置き換わったとき，われわれの仕事はつぎの段階に進んだと考えてもいいかもしれない。

引用・参考文献

1) S. K. Card, J. D. Mackinlay, and B. Shneiderman: Readings in Information Visualization: Using Vision to Think, Morgan Kaufmann Publishers (1999)
2) C. Chen: Information Visualization - beyond the horizon (second edition), Springer (2006)
3) R. Mazza: Introduction to Information Visualization, Springer (2009)
4) R. Spence: Information Visualization - Design for Interaction (second edition), Pearson Education (2007)
5) C. Ware: Information Visualization: Perception for Design (SECOND EDITION), Morgan Kaufmann (2004)
6) 森藤大地, あんちべ: エンジニアのためのデータ可視化 [実践] 入門——D3.js による Web の可視化, 技術評論社 (2014)
7) 高間康史: 情報可視化: データ分析・活用のためのしくみと考えかた, 森北出版 (2017)
8) B. Shneiderman: The Eyes Have It: A Task by Data Type Taxonomy for Information Visualizations, IEEE Symposium on Visual Languages, pp. 336〜343 (1996)
9) G. Grinstein, M. Trutschl, and U. Cvek: High-Dimensional Visualizations, KDD Workshop on Proceedings of the Visual Data Mining (2001)
10) P. C. Wong, and R. D. Bergeron: 30 Years of Multidimensional Multivariate Visualization, Scientific Visualization: Overviews Methodologies and Techniques, IEEE Computer Society Press, pp. 3〜33 (1997)
11) N. Elmqvist, P. Dragicevic, and J.-D. Fekete: Rolling the Dice: Multidimensional Visual Exploration using Scatterplot Matrix Navigation, IEEE Transactions on Visualization and Computer Graphics, **14**, 6, pp. 1141〜1148 (2008)
12) T. Itoh, A. Kumar, K, Klein, and J. Kim: High-dimensional Data Visualization by Interactive Construction of Low-dimensional Parallel Coordinate Plots, Journal of Visual Languages and Computing (2017)

13) H.-J. Schulz, S. Hadlak, and H. Schumann: The Design Space of Implicit Hierarchy Visualization: A Survey, IEEE Transactions on Visualization and Computer Graphics, **17**, 4, pp. 393〜411 (2011)
14) G. D. Battista, P. Eades, R. Tamassia, and I. G. Tollis: Graph Drawing - Algorithms for the Visualization of Graphs, Prentice Hall PTR (1998)
15) G. G. Robertson, J. D. Mackinlay, and S. K. Card: Cone Trees: Animated 3D Visualizations of Hierarchical Information, Proceedings of the ACM SIGCHI Conference on Human Factors in Computing Systems, pp. 189〜194 (1991)
16) J. Lamping, R. Rao, and P. Pirolli: A Focus+Context Technique based on Hyperbolic Geometry for Visualizing Large Hierarchies, ACM SIGCHI Conference on Human Factors in Computing Systems, pp. 401〜408 (1995)
17) B. Johnson, and B. Shneiderman: Tree-Maps: a Space-Filling Approach to the Visualization of Hierarchical Information Structures, Proceedings of the 2nd conference on Visualization '91, pp. 284〜291 (1991)
18) M. Bruls, K. Huizing, J. J. van Wijk: Squarified Treemaps, Data Visualization (2000)
19) B. B. Bederson, B. Shneiderman, and M. Wattenberg: Ordered and Quantum Treemaps: Making Effective Use of 2D Space to Display Hierarchies, ACM Transactions on Graphics, **21**, 4, pp. 833〜854 (2002)
20) M. Balzer, and O. Deussen: Voronoi Treemaps, IEEE Symposium on Information Visualization, pp. 49〜56 (2005)
21) T. Itoh, Y. Yamaguchi, Y. Ikehata,, and Y. Kajinaga: Hierarchical Data Visualization Using a Fast Rectangle-Packing Algorithm, IEEE Transactions on Visualization and Computer Graphics, **10**, 3, pp. 302〜313 (2004)
22) T. Itoh, H. Takakura, A. Sawada, and K. Koyamada: Hierarchical Visualization of Network Intrusion Detection Data in the IP Address Space, IEEE Computer Graphics and Applications, **26**, 2, pp. 40〜47 (2006)
23) H. Gibson, J. Faith, and P. Vickers: A Survey of Two-dimensional Graph Layout Techniques for Information Visualisation, Information Visualization, **12**, 3〜4, pp. 324〜357 (2013)
24) I. Herman, G. Melancon, and M. S. Marshall: Graph Visualization and Navigation in Information Visualization: A Survey, IEEE Transactions on Visualization and Computer Graphics, **6**, 1, pp. 24〜43 (2000)
25) T. Itoh, and K. Klein: Key-Node-Separated Graph Clustering and Layouts

for Human Relationship Graph Visualization, IEEE Computer Graphics and Applications, **35**, 6, pp. 30〜40 (2015)

26) D. Holten: Hierarchical Edge Bundles: Visualization of Adjacency Relations in Hierarchical Data, IEEE Transactions on Visualization and Computer Graphics, **12**, 5, pp. 741〜748 (2006)

27) H, Zhou, P. Xu, X. Yuan, and H. Qu: Edge Bundling in Information Visualization, Tsinghua Science and Technology, **18**, 2, pp. 145〜156 (2013)

28) W. Aigner, S. Miksch, H. Schumann, and C. Tominski: Visualization of Time-Oriented Data, Springer (2011)

29) M. Itoh, M. Toyoda, and M. Kitsuregawa: An Interactive Visualization Framework for Time-Series of Web Graphs in a 3D Environment, 14th International Conference on Information Visualisation (IV2010), pp. 54〜60 (2010)

30) M. Itoh, D. Yokoyama, M. Toyoda, Y. Tomita, S. Kawamura, and M. Kitsuregawa: Visual Exploration of Changes in Passenger Flows and Tweets on Mega-City Metro Network, IEEE Transactions on Big Data, **2**, 1, pp. 85〜99 (2016)

31) C. Collins, G. Penn, and S. Carpendale: Bubble Sets: Revealing Set Relations with Isocontours over Existing Visualizations, IEEE Transactions on Visualization and Computer Graphics, **15**, 6, pp. 1009〜1016 (2009)

32) B. Alper, N. H. Riche, G. Ramos, and M. Czerwinski: Design Study of LineSets, a Novel Set Visualization Technique, IEEE Transactions on Visualization and Computer Graphics, **17**, 12, pp. 2259〜2267 (2011)

33) I. Fujishiro, Y. Ichikawa, R. Furuhata, and Y. Takeshima: GADGET/IV: a Taxonomic Approach to Semi-Automatic Design of Information Visualization Applications Using Modular Visualization Environment, IEEE Symposium on Information Visualization, pp. 77〜83 (2000)

34) B. B. Bederson, J. Meyer, and L. Good: Jazz: An Extensible Zoomable User Interface Graphics Toolkit in Java, ACM Symposium on User Interface Software and Technology (UIST), pp. 171〜180 (2000)

35) A. Gomi, R. Miyazaki, T. Itoh, and J. Li: CAT: A Hierarchical Image Browser Using a Rectangle Packing Technique, 12th International Conference on Information Visualisation (IV08), pp. 82〜87 (2008)

36) T. Itoh, C. Muelder, K.-L. Ma, and J. Sese: A Hybrid Space-Filling and

Force-Directed Layout Method for Visualizing Multiple-Category Graphs, IEEE Pacific Visualization Symposium, pp. 121～128 (2009)

37) J.-S. Yi, Y. Kang, J. T. Stasko, and J. A. Jacko: Toward a Deeper Understanding of the Role of Interaction in Information Visualization, IEEE Transactions on Visualization and Computer Graphics, **13**, 6, pp. 1224～1231 (2007)

38) M. Itoh, M. Toyoda, C.-Z. Zhu, S. Satoh, and M. Kitsuregawa: Image Flows Visualization for Inter-media Comparison, IEEE Pacific Visualization Symposium, pp. 129～136 (2014)

39) C. Stolte, D. Tang, and P. Hanrahan: Polaris: A System for Query, Analysis, and Visualization of Multidimensional Relational Databases, IEEE Transactions on Visualization and Computer Graphics, **8**, 1, pp. 52～65 (2002)

40) J. Heer, F. B. Viegas, and M. Wattenberg: Voyagers and Voyeurs: Supporting Asynchronous Collaborative Information Visualization, Proceedings of the SIGCHI Conference on Human Factors in Computing Systems, pp. 1029～1038 (2007)

41) E. Segel, and J. Heer: Narrative Visualization: Telling Stories with Data, IEEE Transactions on Visualization and Computer Graphics, **16**, 6, pp. 1139～1148 (2010)

42) H. Lam, E. Bertini, P. Isenberg, C. Plaisant, and S. Carpendale: Empirical Studies in Information Visualization: Seven Scenarios, IEEE Transactions on Visualization and Computer Graphics, **18**, 9, pp. 1520～1536 (2012)

43) C. Plaisant: The Challenge of Information Visualization Evaluation, Proceedings of the working conference on Advanced Visual Interfaces (AVI'04), pp. 109～116 (2004)

44) H. C. Purchase: Experimental Human-Computer Interaction: A Practical Guide with Visual Examples, Cambridge University Press (2012)

45) W. S. Cleveland, and R. McGill: Graphical Perception: Theory, Experimentation, and Application to the Development of Graphical Methods, Journal of the American Statistical Association, **79**, 387, pp. 531～554 (1984)

46) S. Few: Show Me the Numbers: Designing Tables and Graphs to Enlighten, Analytics Press (2004)

47) D. Borland, and R. M. Taylor Ii: Rainbow Color Map (Still) Considered Harmful, IEEE Computer Graphics and Applications, **27**, 2, pp. 14～17

(2007)

48) K. Misue, P. Eades, W. Lai, and K. Sugiyama: Layout Adjustment and the Mental Map, Journal of Visual Languages and Computing, **6**, 2, pp. 183〜210 (1995)

49) F. Amini, S. Rufiange, Z. Hossain, Q. Ventura, P. Irani, and M. J. McGuffin: The Impact of Interactivity on Comprehending 2D and 3D Visualizations of Movement Data, IEEE Transactions on Visualization and Computer Graphics, **21**, 1, pp. 122〜135 (2015)

50) M. El-Assady, R. Sevastjanova, F. Sperrle, D. Keim, and C. Collins: Progressive Learning of Topic Modeling Parameters: A Visual Analytics Framework, IEEE Transactions on Visualization and Computer Graphics, **24**, 1, pp. 382〜391 (2017)

51) M. Itoh, N. Yoshinaga, and M. Toyoda: Word-Clouds in the Sky: Multi-layer Spatio-Temporal Event Visualization from a Geo-Parsed Microblog Stream, 20th International Conference Information Visualisation (IV2016), pp. 282〜289 (2016)

52) J. Kehrer, and H. Hauser: Visualization and Visual Analysis of Multifaceted Scientific Data: A Survey, IEEE Transactions on Visualization and Computer Graphics, **19**, 3, pp. 495〜513 (2013)

53) A. T. Pang, C. M. Wittenbrink, and S. K. Lodha: Approaches to Uncertainty Visualization, The Visual Computer, **13**, 8 pp. 370〜390 (1997)

54) N. Boukhelifa, and D. J. Duke: Uncertainty Visualization - Why Might it Fail?, 27th International Conference, Extended Abstracts on Human Factors in Computing Systems (CHI'09), pp. 4051〜4056 (2009)

55) 藤代一成, 小山田耕二, 高橋成雄, 森眞一郎, 伊藤貴之: 可視化, 共立出版 (出版予定)

56) D. A. Keim, G. Andrienko, J. D. Fekete, C. Gorg, J. Kohlhammer, and G. Melançon : Visual Analytics: Definition, Process, and Challenges, Visual Data Mining, LNCS 4950, pp. 154〜175 (2008)

57) D. A. Keim, F. Mansmann, J. Schneidewind, J. Thomas, and H. Ziegler: Visual Analytics: Scope and Challenges, Visual Data Mining, LNCS 4404, pp. 76〜90 (2008)

58) J. Thomas, and J. Kielman: Challenges for Visual Analytics, Information Visualization, **8**, 4, pp. 309〜314 (2009)

59) P. C. Wong, H.-W. Shen, C. R. Johnson, C. Chen, and R. B. Ross: The Top 10 Challenges in Extreme-Scale Visual Analytics, IEEE Computer Graphics and Applications, **32**, 4, pp. 63~67 (2012)
60) G.-D. Sun, Y.-C. Wu, R.-H. Liang, and S.-X. Liu: A Survey of Visual Analytics Techniques and Applications: State-of-the-Art Research and Future Challenges, Journal of Computer Science and Technology, **28**, 5, pp. 852~867 (2013)
61) I. Cho, R. Wesslen, A. Karduni, S. Santhanam, S. Shaikh, and W. Dou: The Anchoring Effect in Decision-Making with Visual Analytics, IEEE Conference on Visual Analytics Science and Technology (2017)
62) E. Dimara, A. Bezerianos, and P. Dragicevic: Conceptual and Methodological Issues in Evaluating Multidimensional Visualizations for Decision Support, IEEE Transactions on Visualization and Computer Graphics, **24**, 1, pp. 749~759 (2018)[†]
63) T. Muhlbacher, and H. Piringer: A Partition-Based Framework for Building and Validating Regression Models, IEEE Transactions on Visualization and Computer Graphics, **19**, 12, pp. 1962~1971 (2013)
64) C. Suzuki, T. Itoh, K. Umezu, and Y. Motohashi: A Scatterplot-based Visualization Tool for Regression Analysis, 20th International Conference on Information Visualisation (IV2016), pp. 75~80 (2016)
65) Q. Han, W. Zhu, F. Heimerl, S. Koch, and T. Ertl: A Visual Approach for Interactive Co-Training, KDD Workshop on Interactive Data Exploration and Analytic (IDEA'16), pp. 46~52 (2016)
66) T. Itoh, M. Kawano, S. Kutsuna, and T. Watanabe: A Visualization Tool for Building Energy Management System, 19th International Conference on Information Visualisation (IV2015), pp. 15~20 (2015)
67) M. D. Zeiler, and R. Fergus: Visualizing and Understanding Convolutional Networks, European Conference on Computer Vision (ECCV 2014), pp. 818~833 (2014)
68) J. Yosinski, J. Clune, A. Nguyen, T. Fuchs, and H. Lipson: Understanding Neural Networks through Deep Visualization, ICML Workshop on Deep Learning (2015)
69) K. Wongsuphasawat, D. Smilkov, J. Wexler, J. Wilson, D. Mane, D. Fritz, D.

[†] 62), 69), 70), 71) は 2017 年国際会議発表, 2018 年出版。

Krishnan, F. B. Viégas, and M. Wattenberg: Visualizing Dataflow Graphs of Deep Learning Models in TensorFlow, IEEE Transactions on Visualization and Computer Graphics, **24**, 1, pp. 1～12 (2018)

70) M. Liu, J. Shi, K. Cao, J. Zhu, and S. Liu: Analyzing the Training Processes of Deep Generative Models — Supplemental Material, IEEE Transactions on Visualization and Computer Graphics, **24**, 1, pp. 77～87 (2018)

71) H. Strobelt, S. Gehrmann, H. Pfister, and A. M. Rush: LSTMVis: A Tool for Visual Analysis of Hidden State Dynamics in Recurrent Neural Networks, IEEE Transactions on Visualization and Computer Graphics, **24**, 1, pp. 667～676 (2018)

72) S. Amershi, M. Cakmak, W. B. Knox, and T. Kulesza: Power to the People: The Role of Humans in Interactive Machine Learning, AI Magazine, **35**, 4, pp. 105～120 (2014)

73) D. Sacha, M. Sedlmair, L. Zhang, J. A. Lee, D. Weiskopf, S. North, and D. Keim: Human-Centered Machine Learning through Interactive Visualization: Review and Open Challenges, European Symposium on Artificial Neural Networks, Computational Intelligence and Machine Learning, pp. 641～646 (2016)

74) A. Endert, W. Ribarsky, C. Turkay, B. Wong, I. Nabney, I. D. Blanco, and F. Rossi: The State of the Art in Integrating Machine Learning into Visual Analytics, Computer Graphics Forum (2017)

75) R. M. Martins, D. B. Coimbra, R. Minghim, and A. Telea: Visual Analysis of Dimensionality Reduction Quality for Parameterized Projections, Computers and Graphics, **41**, pp. 26～42 (2014)

76) S. Takahashi, I. Fujishiro, Y. Takeshima, and T. Nishita: A Feature-driven Approach to Locating Optimal Viewpoints for Volume Visualization, IEEE Visualization, pp. 495～502 (2005)

77) Y. Kim, and A. Varshney: Saliency-Guided Enhancement for Volume Visualization, IEEE Transactions on Visualization and Computer Graphics, **12**, 5, pp. 925～932 (2006)

78) S. P. Callahan, J. Freire, E. Santos, C. E. Scheidegger, C. T. Silva, and H. T. Vo: VisTrails: Visualization Meets Data Management, ACM SIGMOD International Conference on Management of Data, pp. 745～747 (2006)

79) E. D. Ragan, A. Endert, J. Sanyal, and J. Chen: Characterizing Prove-

nance in Visualization and Data Analysis: An Organizational Framework of Provenance Types and Purposes, IEEE Transactions on Visualization and Computer Graphics, **22**, 1, pp. 31~40 (2016)

80) B. Steichen, G. Carenini, and C. Conati: User-Adaptive Information Visualization - Using Eye Gaze Data to Infer Visualization Tasks and User Cognitive Abilities, Proceedings of the International Conference on Intelligent User Interface (IUI'13), pp. 317~328 (2013)

81) Y. Takeshima, I. Fujishiro, S. Takahashi, and T. Hayase: A Topologically-Enhanced Juxtaposition Tool for Hybrid Wind Tunnel, IEEE Pacific Visualization Symposium, pp. 113~120 (2013)

82) O.-H. Kwon, C. Muelder, K. Lee, and K.-L. Ma: A Study of Layout, Rendering, and Interaction Methods for Immersive Graph Visualization, IEEE Transactions on Visualization and Computer Graphics, **22**, 7, pp. 1802~1815 (2016)

83) K. Marriott, et al.: Immersive Analytics, Springer, (2018 年出版予定).

84) T. Chandler, M. Cordeil, T. Czauderna, T. Dwyer, J. Glowacki, C. Goncu, M. Klapperstueck, K. Klein, K. Marriott, F. Schreiber, and E. Wilson: Immersive Analytics, IEEE Big Data Visual Analytics (BDVA2015) (2015)

索引

【い】
意思決定 … 87
意味付け … 86

【え】
絵グラフ … 68
円グラフ … 14, 66

【お】
帯グラフ … 14, 66
折れ線グラフ … 13, 68

【か】
回帰分析 … 108
科学系可視化 … 3
可聴化 … 133
カラーマップ … 62

【き】
強化学習 … 112
協調処理システム … 49

【く】
空間充填型手法 … 25
空間定義 … 60
クラスタリング … 65, 116

【さ】
散布図行列 … 18

【し】
視覚属性 … 60
次元削減 … 17, 30, 116
視線追跡 … 120

【しゅ】
主観評価 … 51
主成分分析 … 18
出自管理 … 119
順列変数 … 60
深層学習 … 111

【す】
数直線 … 14
数量変数 … 59
図形要素 … 60

【た】
多次元尺度構成法 … 18

【つ】
積上げ折れ線グラフ … 13
積上げ棒グラフ … 13

【て】
定量評価 … 51
データジャーナリズム … 50
デンドログラム … 22

【の】
ノード・リンク型手法 … 24, 28

【は】
箱ひげ図 … 14
バブルチャート … 14, 16
半教師あり学習 … 112
判別分析 … 109

【ひ】
被験者実験 … 51

【ヒ】
ヒストグラム … 14
評論 … 51

【ふ】
ファンネルグラフ … 14
分類変数 … 60

【へ】
ヘッドマウントディスプレイ … 122

【ほ】
棒グラフ … 13

【み】
見える化 … 4

【め】
メンタルマップ … 63, 91

【り】
力学指向手法 … 29, 66

【れ】
レーダーチャート … 14

【C】
CAVE … 124
centrality … 74, 99
cone tree … 24
coordinated views … 39

【D】
decision making … 87

dynamic time warping 100

【F】

focus+context 43
force-directed 29

【H】

hyperbolic tree 24

【I】

in situ visualization 91

【L】

linked views 39

【N】

narrative visualization 50

【O】

on line analytical
 processing 49

【P】

parallel coordinate plots 19

【R】

reasoning 86

【S】

saliency 119

scatterplots 17
set visualization 37
symbolic aggregate
 approximation 100

【T】

treemaps 25

【U】

uncertainty 92

【V】

Visual Analytics Mantra 95
Visual Information
 Seeking Mantra 42, 85
visual storytelling 50

―― 著者略歴 ――

1990年　早稲田大学理工学部電子通信学科卒業
1992年　早稲田大学大学院理工学研究科修士課程修了（電気工学専攻）
1992年　日本アイ・ビー・エム株式会社（東京基礎研究所）勤務
1997年　博士（工学）（早稲田大学）
2003年　京都大学大学院情報学研究科 COE 研究員兼任
2005年　お茶の水女子大学助教授
2007年　お茶の水女子大学准教授
2011年　お茶の水女子大学教授
　　　　現在に至る

意思決定を助ける　情報可視化技術
―ビッグデータ・機械学習・VR/AR への応用―
Information Visualization Techniques for Decision Making Processes
―― Applications to Big Data, Machine Learning, and VR/AR ――

© Takayuki Itoh 2018

2018 年 4 月 16 日　初版第 1 刷発行　　　　　　　　　　　　　　　　　　　★
2022 年 4 月 25 日　初版第 3 刷発行

検印省略	著　者	伊　藤　貴　之
	発行者	株式会社　コロナ社
		代表者　牛来真也
	印刷所	三美印刷株式会社
	製本所	有限会社　愛千製本所

112-0011　東京都文京区千石 4-46-10
発行所　株式会社　コロナ社
CORONA PUBLISHING CO., LTD.
Tokyo Japan
振替 00140-8-14844・電話(03)3941-3131(代)
ホームページ　https://www.coronasha.co.jp

ISBN 978-4-339-02883-6　　C3055　　Printed in Japan　　　　　　　（宝田）

〈出版者著作権管理機構 委託出版物〉
本書の無断複製は著作権法上での例外を除き禁じられています．複製される場合は，そのつど事前に，
出版者著作権管理機構（電話 03-5244-5088，FAX 03-5244-5089，e-mail: info@jcopy.or.jp）の許諾を
得てください．

本書のコピー，スキャン，デジタル化等の無断複製・転載は著作権法上での例外を除き禁じられています．
購入者以外の第三者による本書の電子データ化及び電子書籍化は，いかなる場合も認めていません．
落丁・乱丁はお取替えいたします．

情報ネットワーク科学シリーズ

(各巻A5判)

コロナ社創立90周年記念出版　〔創立1927年〕

■電子情報通信学会　監修
■編集委員長　村田正幸
■編　集　委　員　会田雅樹・成瀬　誠・長谷川幹雄

本シリーズは，従来の情報ネットワーク分野における学術基盤では取り扱うことが困難な諸問題，すなわち，大量で多様な端末の収容，ネットワークの大規模化・多様化・複雑化・モバイル化・仮想化，省エネルギーに代表される環境調和性能を含めた物理世界とネットワーク世界の調和，安全性・信頼性の確保などの問題を克服し，今後の情報ネットワークのますますの発展を支えるための学術基盤としての「情報ネットワーク科学」の体系化を目指すものである。

シリーズ構成

配本順			頁	本体
1.（1回）	情報ネットワーク科学入門	村田 正幸／成瀬 誠 編著	230	3000円
2.（4回）	情報ネットワークの数理と最適化 —性能や信頼性を高めるためのデータ構造とアルゴリズム—	巳波 弘佳／井上 武 共著	200	2600円
3.（2回）	情報ネットワークの分散制御と階層構造	会田 雅樹 著	230	3000円
4.（5回）	ネットワーク・カオス —非線形ダイナミクス，複雑系と情報ネットワーク—	中尾 裕也／長谷川 幹雄／合原 一幸 共著	262	3400円
5.（3回）	生命のしくみに学ぶ 情報ネットワーク設計・制御	若宮 直紀／荒川 伸一 共著	166	2200円

定価は本体価格＋税です。
定価は変更されることがありますのでご了承下さい。

図書目録進呈◆

メディア学大系

(各巻A5判)

■監修　相川清明・飯田　仁（第一期）
（五十音順）相川清明・近藤邦雄（第二期）
　　　　　大淵康成・柿本正憲（第三期）

配本順			頁	本体
1. (13回)	改訂 メディア学入門	柿本正憲・大淵康成・進藤美希 共著	210	2700円
2. (8回)	CGとゲームの技術	三上浩司・渡辺大地 共著	208	2600円
3. (5回)	コンテンツクリエーション	近藤邦雄・三上浩司 共著	200	2500円
4. (4回)	マルチモーダルインタラクション	榎本美香・飯田　仁・相川清明 共著	254	3000円
5. (12回)	人とコンピュータの関わり	太田高志 著	238	3000円
6. (7回)	教育メディア	稲葉竹俊・松永信介・飯沼瑞穂 共著	192	2400円
7. (2回)	コミュニティメディア	進藤美希 著	208	2400円
8. (6回)	ICTビジネス	榊　俊吾 著	208	2600円
9. (9回)	ミュージックメディア	大山昌彦・伊藤謙一郎・吉岡英樹 共著	240	3000円
10. (15回)	メディアICT（改訂版）	寺澤卓也・藤澤公也 共著	256	2900円
11.	CGによるシミュレーションと可視化	菊竹雪・池島由里子 共著		
12.	CG数理の基礎	柿本正憲 著		
13. (10回)	音声音響インタフェース実践	相川清明・大淵康成 共著	224	2900円
14. (14回)	クリエイターのための 映像表現技法	佐々木和郎・羽田久一・森川美幸 共著	256	3300円
15. (11回)	視聴覚メディア	近藤邦雄・相川清明・竹島由里子 共著	224	2800円
16.	メディアのための数学 ―数式を通じた現象の記述―	松永信介・相川清明・渡辺大地 共著		
17. (16回)	メディアのための物理 ―コンテンツ制作に使える理論と実践―	大淵康成・柿本正憲・椿郁子 共著	240	3200円
18.	メディアのためのアルゴリズム ―並べ替えから機械学習まで―	藤澤公也・寺澤卓也・羽田久一 共著		
19.	メディアのためのデータ解析 ―Rで学ぶ統計手法―	榎本美香・松永信介 共著		

定価は本体価格+税です。
定価は変更されることがありますのでご了承下さい。

図書目録進呈◆

シリーズ 情報科学における確率モデル

(各巻A5判)

■編集委員長　土肥　正
■編集委員　　栗田多喜夫・岡村寛之

配本順		タイトル	著者	頁	本体
1	(1回)	統計的パターン認識と判別分析	栗田多喜夫・日高章理 共著	236	3400円
2	(2回)	ボルツマンマシン	恐神貴行 著	220	3200円
3	(3回)	捜索理論における確率モデル	宝崎隆祐・飯田耕司 共著	296	4200円
4	(4回)	マルコフ決定過程 ―理論とアルゴリズム―	中出康一 著	202	2900円
5	(5回)	エントロピーの幾何学	田中勝 著	206	3000円
6	(6回)	確率システムにおける制御理論	向谷博明 著	270	3900円
7	(7回)	システム信頼性の数理	大鑄史男 著	270	4000円
8	(8回)	確率的ゲーム理論	菊田健作 著	254	3700円
9	(9回)	ベイズ学習とマルコフ決定過程	中井達 著	232	3400円
		マルコフ連鎖と計算アルゴリズム	岡村寛之 著		
		確率モデルによる性能評価	笠原正治 著		
		ソフトウェア信頼性のための統計モデリング	土肥正・岡村寛之 共著		
		ファジィ確率モデル	片桐英樹 著		
		高次元データの科学	酒井智弥 著		
		最良選択問題の諸相 ―秘書問題とその周辺―	玉置光司 著		
		空間点過程とセルラネットワークモデル	三好直人 著		
		部分空間法とその発展	福井和広 著		

定価は本体価格+税です。
定価は変更されることがありますのでご了承下さい。

図書目録進呈◆

自然言語処理シリーズ

(各巻A5判)

■監修　奥村 学

配本順		著者	頁	本体
1.(2回)	言語処理のための**機械学習入門**	高村 大也 著	224	2800円
2.(1回)	質問応答システム	磯崎・東中・永田・加藤 共著	254	3200円
3.	情報抽出	関根　聡 著		
4.(4回)	機械翻訳	渡辺・今村・賀沢・Graham・中澤 共著	328	4200円
5.(3回)	特許情報処理：言語処理的アプローチ	藤井・谷川・岩山・難波・山本・内山 共著	240	3000円
6.	Web言語処理	奥村　学 著		
7.(5回)	対話システム	中野・駒谷・船越・中野 共著	296	3700円
8.(6回)	トピックモデルによる統計的潜在意味解析	佐藤 一誠 著	272	3500円
9.(8回)	構文解析	鶴岡・岡慶・宮尾祐介 共著	186	2400円
10.(7回)	文脈解析 ―述語項構造・照応・談話構造の解析―	笹野・飯田 遼平・龍 共著	196	2500円
11.(10回)	語学学習支援のための言語処理	永田　亮 著	222	2900円
12.(9回)	医療言語処理	荒牧 英治 著	182	2400円

定価は本体価格+税です。
定価は変更されることがありますのでご了承下さい。

図書目録進呈◆

コンピュータサイエンス教科書シリーズ

(各巻A5判，欠番は品切または未発行です)

■編集委員長　曽和将容
■編集委員　　岩田　彰・富田悦次

配本順			頁	本体
1. （8回）	情報リテラシー	立花康夫／曽和将容／春日秀雄 共著	234	2800円
2. （15回）	データ構造とアルゴリズム	伊藤大雄 著	228	2800円
4. （7回）	プログラミング言語論	大山口通夫／五味弘 共著	238	2900円
5. （14回）	論理回路	曽和将容／範公可 共著	174	2500円
6. （1回）	コンピュータアーキテクチャ	曽和将容 著	232	2800円
7. （9回）	オペレーティングシステム	大澤範高 著	240	2900円
8. （3回）	コンパイラ	中田育男 監修／中井央 著	206	2500円
10. （13回）	インターネット	加藤聰彦 著	240	3000円
11. （17回）	改訂 ディジタル通信	岩波保則 著	240	2900円
12. （16回）	人工知能原理	加納政芳／山田雅之／遠藤守 共著	232	2900円
13. （10回）	ディジタルシグナルプロセッシング	岩田彰 編著	190	2500円
15. （2回）	離散数学 ―CD-ROM付―	牛島和夫 編著／相廣朝利民雄 共著	224	3000円
16. （5回）	計算論	小林孝次郎 著	214	2600円
18. （11回）	数理論理学	古川康一／向井国昭 共著	234	2800円
19. （6回）	数理計画法	加藤直樹 著	232	2800円

定価は本体価格+税です。
定価は変更されることがありますのでご了承下さい。

◆図書目録進呈◆